身に付く算数シリーズ

和算とクイズ

堀江 弘二

悠光堂

はじめに

本書「和算とクイズ」は、日本と世界に古くから伝わる算数の問題を集めました。若い先生や、ご家庭向けに全32のクイズを、問題ページと解答と解説ページにそれぞれ分けて構成しています。ほとんどの問題は1ページ以内ですので、問題ページをコピーして使っていただくと良いでしょう。「ふくめん算」「烏鳴算」「ピラミッド算」だけは2ページにわたるのでご注意ください。

本書は小学生向けの問題を集めていますが、大人になっても今回の学習が生きるように、2元1次連立方程式・数学的帰納法・等差数列の和等、あえていかめしい数学的な用語で解説を行っています。児童が、中学生、高校生になって数学が難しいと感じるのは数学の世界に出てくる関数や命題が具体的な生活場面と結びついていないからです。そんなときに本書を振り返っていただくと、数学の内容の理解に繋がることでしょう。

若い先生方にとって、児童たちに求めるものはテストの点数ではないと思います。Strategy（問題攻略力・課題解決力）といわれる力をどうやって身に付けてもらうか。そのためには授業の場だけでなく、クイズを児童に持ち帰ってもらい、ご家庭で保護者たちと一緒に解いてもらうこともおすすめの一つです。特に、「ハノイの塔」「赤玉と白玉は」「船長さんは誰」「貯金箱の中身」「百五減算」「1㎠増えた」「卵は全部で」などは、ご家庭でわいわいと話し合ったり考え合ったりできると考えています。

解答を助ける算数グッズとして、線分図や方眼紙などを適宜、ご用意いただくのも良いでしょう。また、パソコンや計算機を使うと教育効果が飛躍的に高まると予想されるクイズには、それぞれパソコンマーク（P）、計算機マーク（C）を載せています。

要所では、児童に興味を持ってもらうためにイラストを入れています。

児童たちが「和算数量形ワールド」へ旅していく中で、「関孝和」先生や和算の天才少女「律」さんに逢えるかもしれません。あるいは福井昭二先生や笹木秀文先生から直接「和算」を教わることができれば夢のようなことだと、期待と想像をふくらませています。

本書の主人公である「数子さん」と一緒にみなさんが「和算とクイズ」を楽しく考えていくなかで数学的な考え方を**身に付け**て、算数への関心・意欲・態度が高まることを望んでやみません。

2018年4月6日

ほりえ　こうじ

もくじ

和算の本を読んでみたら（福井昭二）
（1）クイズ大好き

頭の体操という感じの問題も見られる。昔の人もクイズ的な問題はすきであったのだろう。

右は『塵劫記』の中の「油分け算」と呼ばれるもので、油1斗を7升枡と3升枡で5升ずつにわけるという問題であるが、解き方として次のような方法が示されている。

o 3升の枡で3ばい油を測り取り、7升枡にいれる。
o 3ばい目は3升の枡に2升あまる。
o 7升の油を桶にあける。
o 3升の枡に残った2升を7升枡にいれる。
o また、3升の枡に油を1杯入れ、それを7升枡にいれると5升ずつに分けられる。

これでめでたしめでたしになるのであるが、7升、3升のそれぞれの枡に半分ずつ入れれば、 3.5+1.5 ＝5 としてもっと簡単にはかれると思うのだが…、枡はいっぱい入れて測るものという感覚であったのだろか。

なお末尾に「これは算術に用無しといえども、算勘工夫のためにここに出すなり」と出題の意図を記してある。

絹とぬす人のかずを知る事

ぬす人とらへてきぬをわけてとるをきけば、八たんツヾ取バ七反たらず、七反ツヽわれば八反あまるといふ。これをきいて人のかすも知るるなり。o人十五人 o絹百十三反あるなり。法に八反に七反をくわへるとき十五となる。これを人数としるべし。又絹の数を見るにハ十五に八反をかけ百二十になる。この内ニてたらぬ七反を引バ百十三反としるるなり。

左は、『盗人算』というものである。今でも場面を変えて同じような問題はよく出されているが、絹と盗人とは当時の世相ばどをうまく利用して興味を引かせている。

この問題は、「8反ずつで7反不足」「7反ずつで8反あまる」から、絹の総数は、15とわかる

$8\times x-7=7\times x+8$ ・ から　$x=8+7=15$

したがって　$8\times x-7=120-7=113$

として、答えは113反と求められるものである。

以上、和算の本の中から身近な算数に関係のありそうなものを取り上げて見た。機会を見てまたこの別の内容を紹介したい。

（1995年1月記す。）

福井 昭二 先生（1990年ご退職）

歴任校：原小、くぬぎ台小、浅間台小、鶴ヶ峯小

江戸時代の庶民の算術書を読む（6年油分け算）

引用文献：江戸相場 早割 塵功記　原書印影と解読 1993年

執筆：堀江 弘二、笹木 秀文

1　はじめに

古本市を歩いていたら、江戸時代の木版刷りの本が何冊か積まれていた。ふとその中に「江戸相場早割塵功記」と書かれた小ぶりの本が目にとまった。退職後、古文書に興味をもって少し習い始めたときであり、現職時代に多少、算数教育にも関心をもっていたので、この本を手にしてみた。「塵功記」とあるが、おそらく「塵却記」のことであろうし、「江戸相場早割」ということは、当時の庶民のハンドブック的な性格を持つものではないかと考えた。なんとか読めそうであるし、値段も手頃だったので買うことにした。古文書の勉強でも与えられたテキストを読むだけではなく、自分で探した材料を読むこともおもしろいと思い、「塵却記」への興味もあったので全文解読を試みることにした。できるだけ、関連の資料を参考にしながら、自分なりに学習の記録をひとまずまとめてみることにした。まとめるに当たっては次のようなことを配慮した。①できるだけ原文の印影と解読を対照して見られるようにした。②必要により簡単に用語などの説明も加えるようにした。③今の算数の解き方などがつけられる箇所は、できるだけ式や答えを添えるようにした。④本来の「塵却記」との共通点や類似点についてもふれておくようにした。「塵却記」は寛永十一年小型四巻本（研成社発行「江戸初期和算選書」収録）を参考にした。

2 「油分け算」についての学習問題と指導内容と児童の学習活動

> 油はかりわくる事　　油一斗を七升ますと三升ますと一ツ（？二ツ）にて五升ヅツにわけよといふ。油樽と升二ツのほかいれものなし。まず七升ますへ三升ますにて三ばいいれれバ、三升ますに弐升残る。夃七升ますの油をおけへあけ三升ますに弐升あるを七升ますに入れ、また三升ますに一ぱい入れバ五升ヅツになるなり。これハさんじゅつに用なしといへどもさんかんくふうのためにここに出すなり。

樽と２つの升の容量は（10升，７升，３升）と設定されている。３升と７升のどちらから始めても以下に示した表のように①と⑳でループしてもとに戻る。そして、その過程のどこかで、５升と５升の組が出現する。もちろん３升のますには入らないので７升のますと10升の樽に取り分けた状態が解である。本問のヒントには「三升ますにて三ばい」とあるので⑳から分ける方法を示唆している。和算では、表のよさについて提言しているのだが、本問のように複雑な条件が整理されないまま情報として飛び込んできたとき、表が思わぬ力を発揮する。例えば表の４段目（10升）を右に見ていくと336699225588114477と変化していく。公差が３で２つずつ同じ数が繋がっている。上述のように、本問では先に７升に分ける方法と３升に分ける方法がある。７升から始める方の回数に①・②・③……と番号を付けていった。３升から始めると逆に⑳・⑲・⑱・⑰……と進んでいくこととなる。このループしている関係は表を完成させ数の並び方を観察しないと気がつかない。したがって、遅かれ早かれ５升を見つけることができる。下記のグラフは７の升をx、３の升をyとみたときのxとyの変化の様子を表したグラフである。

本問では数の組だけでは見つけられないきまりを、グラフ上で見つけることができる。グラフに途中まで②→③とうっていったので表と対応させながら続きの番号を追って調べていくようにしたい。学習指導要領 P25 には数理的処理のよさについて記述されているがその中の「美しさ」の具体例がこのようなグラフであると解説できる。

このループしている関係は表を完成させ数の並び方を観察しないと気がつかない。下記のグラフは3升のますをx、7升のますをyと見たときのxとyの変化の様子を表したグラフである。原点を⑳、真上に上がって⑲、右下に⑱と追っていくとわかりやすい。本問は3元1次の2元xとyの関係のみを取り出している。また、表の上では整数値しか取らないので■—■を結ぶ線上の値は正確ではない。また、散布図を使って作成したのでなめらかな曲線になっているのは油を移す順番がよくわかるようにするためである。子どもたちにこのグラフを見せるときは、一応断っておいていただきたい。本グラフは、ダイヤグラムと同様に、実際に行った二量の思考実験を記録し、学習の振り返りをしっかりすることをねらっている。したがって表の活用とその「よさ」についてはしっかりと指導しておきたい。小学生は中学で学ぶ2次関数や円などについて、グラフにあらわすことができない。しかし本問のように整数値を飛び飛びで変化する数の組（ガウス関数）を見つけられると思う。ぜひ、グラフに表す経験を小学生のうちにさせておきたい。

3つの容器に入っている油の量

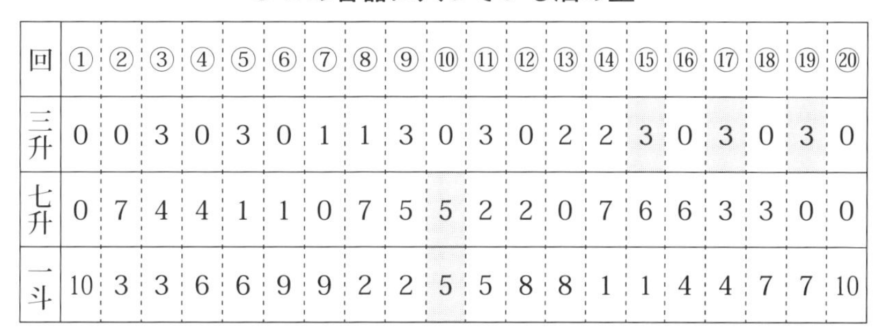

回	①	②	③	④	⑤	⑥	⑦	⑧	⑨	⑩	⑪	⑫	⑬	⑭	⑮	⑯	⑰	⑱	⑲	⑳
三升	0	0	3	0	3	0	1	1	3	0	3	0	2	2	3	0	3	0	3	0
七升	0	7	4	4	1	1	0	7	5	5	2	2	0	7	6	6	3	3	0	0
一斗	10	3	3	6	6	9	9	2	2	5	5	8	8	1	1	4	4	7	7	10

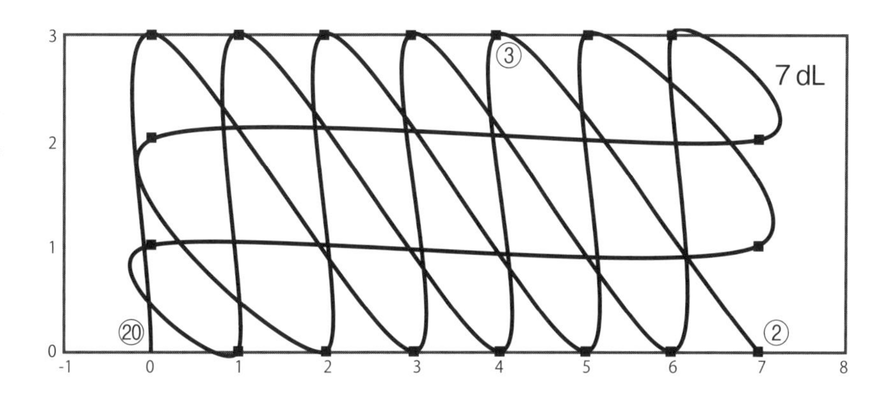

福井先生は昭和24年、横浜市小学校算数教育研究会発足時から、本研究会に参加され、昭和39年～48年までの10年間、本研究会の会務庶務として多岐にわたり研究を支えてくださいました。発足20周年30周年40周年事業も記念大会・式典・記念誌・座談会など先生のお力によるところが大きかったことが各記念誌から推察できます。また、研究者としても幅広い見識をお持ちで本稿の随所に見られるように、横浜市の学校図書館教育の草分けでもおありでした。さらに、図書館教育と似通った問題解決過程をもっている、情報・統計教育にも造詣の深い先生です。そして、なんといっても私たちの算数教育において残された功績は偉大なものがあります。今回は数ある研究の中からもっとも福井先生らしい「和算」→「塵却記」→「関孝和」をご紹介しました。以前の6年の最終単元「いろいろな問題」には和算は全くといっていいほど顔を出していませんでした。近年、教科書6社も和算に着目し6年の教材として取り上げています。先生の地道な発掘が各社に影響を与えたといっても過言ではありません。中でも「油分け算」は、中学校の数のしくみにも関数にも発展するたいへんおもしろい教材です。

年　　組　　名前（　　　　　　　　　　　　）

変化と数量関係

1 油分け算

10dLの壺(つぼ)に油（酒）がいっぱい入っています。この油（酒）を5dLずつ2人に分けます。しかしここには7dLと3dLの升(ます)しかありません。この2つの升と壺だけで5dLを量りとってみましょう。

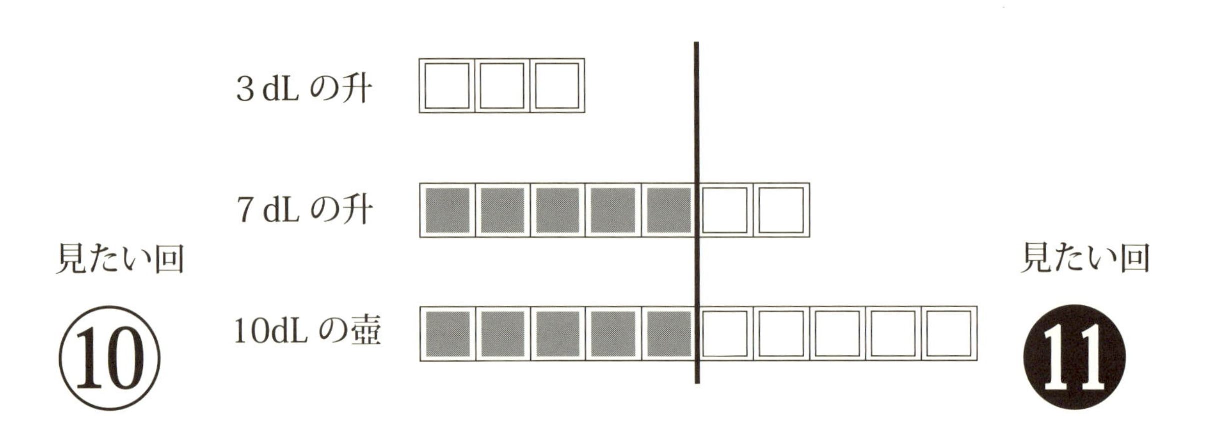

7dL升に油

回	①	②	③	④						
3dL	0	0	3							
7dL	0	7	4							
10dL	10	3	3							

3dL升に油

❶	❷	❸	❹							
0	3	0								
0	0	3								
10	7	7								

3つの容器に入っている油（酒）の量

回	①	②	③	④	⑤	⑥	⑦	⑧	⑨	⑩	⑪	⑫	⑬	⑭	⑮	⑯	⑰	⑱	⑲	⑳
	⓴	⓳	⓲	⓱	⓰	⓯	⓮	⓭	⓬	⓫	❿	❾	❽	❼	❻	❺	❹	❸	❷	❶
3dL	0	0	3															0	3	0
7dL	0	7	4															3	0	0
10dL	10	3	3															7	7	10
計	○	○	○															○	○	○

解答と解説

解答：

7 dL 升に油を分ける方法

①～⑳の⑩の回を示している⑩回目の部分が導かれていれば正解

3 dL 升に油を分ける方法

❶～⓴の⓫の回を示している⓫回目の部分が導かれていれば正解

6年の最終単元「いろいろな問題」の学習では、各校においてそれぞれ特色ある取り組みを行っている。教科書も各社が個性豊かにさまざまな教材を提示してくれている。本問はその中でも、和算として紹介されているものである。壺と2つの升の容量は（10dL, 7 dL, 3 dL）と設定されている。まず、表をノートに作成するだけで 10 分以上かかる子どもがいるのではないかと、予想している。そんなとき予め印刷されている枠だけの表があれば時間と労力の軽減になる。ぜひとも「算数グッズ」の「関数表」をご利用いただきたい。本問では先に7 dL 升に油を分ける方法（①→）と3 dL 升に分ける方法（❶→）がある。3 dL と7 dL のどちらから始めても、示した表のようにループしてもとに戻る。「塵却記」には、「三升ますにて三ばい入れれば」とあるので、⑳から分ける方法を示唆している。このループしている関係は表を完成させ、数の並び方を観察しないと気が付かない。そして、その過程のどこかで、5 dL と5 dL の組が出現する。もちろん3 dL の升には入らないので7 dL の升と 10dL の壺に取り分けた状態が解である。表の4段目（10dL）を右に見ていくと 33669922558811447 と変化していく。公差が3で2つずつ同じ数が繋がっている。上述のように、和算は別の問題でも、表のよさについて提言しているのだが、特に本問のように複雑な条件が整理されないまま情報として飛び込んできたとき、表が思わぬ力を発揮する。さて、ここでも若い先生方の成長を育む観点から表を活用することを推奨する。例えば実は上記の表を見ればわかることであるが、7 dL から始める方の回数に①・②・③……と番号を付けていった。3 dL から始めると逆に❶・❷・❸……と右から左へ進んでいくこととなる。この関係はループしているので遅かれ早かれ5 dL を見つけることができる。下記のグラフは3元1次の関係式の中から、変数である x と y の関係を取り出したものである。7 dL の升を x、3 dL の升を y とみたときの x と y の変化の様子を表したグラフである。この表では整数値しか取らないので■—■を結ぶ線上の値は正確ではない。また、散布図を使って作成したのでなめらかな曲線になっている。それは油を移す順番がよくわかるようにするためである。子どもたちにこのグラフを見せるときは、一応断っておいていただきたい。本グラフは、ダイヤグラムと同様に、実際に行った二量の思考実験を記録し、学習の振り返りをしっかりすることをねらっている。したがって表の活用とその「よさ」についてはしっかりと指導しておきたい。（10dL, 7 dL, 3 dL）という、この組み合わせはどの２つをとっても「互いに素」の関係になっているので、10dL までの体積はすべて１dL きざみで量り取ることができる。例えば壺と升を 12dL, 4 dL と２dL にすると、最大公約数は２になるので、移し換えた量も切り取った量も２飛びの値、偶数の中で変化する。小学生は中学で学ぶ２次関数や円などについて、グラフに表すことができない。しかし本問のように整数値を飛び飛びで変化する数の組（ガウス関数）を見つけられるときは、ぜひ、グラフに表す経験を小学生のうちにさせておきたい。本問では数の組だけでは見つけられないきまりを、グラフ上で見つけることができる。グラフに途中まで②→③とうっていったので表と対応させながら続きの番号を追って調べていくようにしたい。学習指導要領 P28 に数理的処理のよさについて７項目記述してあるが、その中の７番目「美しさ」はその解釈が非常に難しい。この「油分け算」の表やグラフで「美しさ」がわかると学習指導要領を解説できる。

３dL と７dL の升に入っている油の量の関係

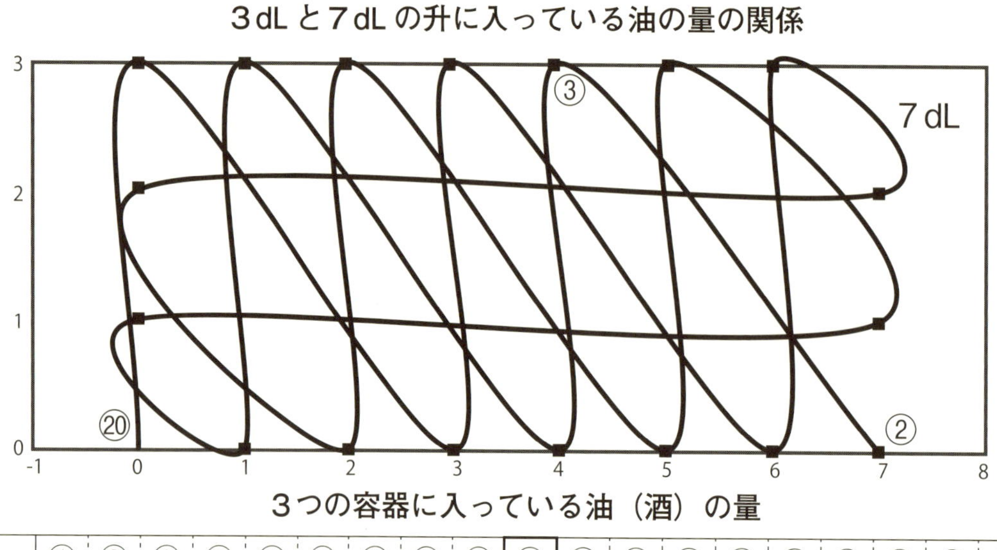

３つの容器に入っている油（酒）の量

回	①	②	③	④	⑤	⑥	⑦	⑧	⑨	⑩	⑪	⑫	⑬	⑭	⑮	⑯	⑰	⑱	⑲	⑳
	⓴	⓳	⓲	⓱	⓰	⓯	⓮	⓭	⓬	⓫	❿	❾	❽	❼	❻	❺	❹	❸	❷	❶
3 dL	0	0	3	0	3	0	1	1	3	0	3	0	2	2	3	0	3	0	3	0
7 dL	0	7	4	4	1	1	0	7	5	5	2	2	0	7	6	6	3	3	0	0
10dL	10	3	3	6	6	9	9	2	2	5	5	8	8	1	1	4	4	7	7	10
計	○	○																○	○	○

年　　組　　名前（　　　　　　　　　　　　　　　　　　）

数と計算

2 ぐるぐる数

C

古代ギリシャの学者アルキメデスという人が円周率を調べているうちにこんな数を見つけました。ぐるぐる数といって目が回りそうな数です。$3\frac{1}{7}$、まず、この数を小数に直してみます。$3\frac{1}{7} = 3.142857$……　アルキメデスは簡単な分数で円周率に近い数を探したのです。ここで、$\frac{1}{7}$をもう少しくわしく調べてみましょう。$\frac{1}{7} = 0.142857\ 142857\ 142857\ 142857\ 142857\ 142857$ となりどこまでいってもわりきれない数で「循環小数」といいます。6桁ずつ同じパーツが繰り返されます。さらに、下の式のように整数を順にかけていくと「ぐるぐる数」になってしまうのです。何がぐるぐるかというと数の並び方をよく見てください。142857がぐるぐる回っているでしょう。ここまで読んでぐるぐる数の意味がよくわからない人は友達や先生にたずねましょう。みなさんも計算機を準備して循環小数の秘密を調べてみましょう。ぐるぐる数が見つかるといいですね。

$$142857 \times 1 = 142857$$
$$142857 \times 2 = 285714$$
$$142857 \times 3 = 428571$$
$$142857 \times 4 = 571428$$
$$142857 \times 5 = 714285$$
$$142857 \times 6 = 857142$$
$$142857 \times 7 = ?$$
$$142857 \times 8 = ?$$
$$142857 \times 9 = ?$$

$$1 \div 7 = 0.142857142857142857\cdots$$

解答と解説

解答：

分母が７、13、17、19で分子が１の分数など

1/7	—	142857	パーツ６桁	
1/13	—	769230	パーツ６桁	
1/17	—	0588235294117647	パーツ 16 桁	
1/19	—	526315789473684210	パーツ 18 桁	など

本問は４年「わり算」の学習と関連している。これまで整数でわりきれなかったとき、あまりとして処理していた場面を「わり進み」というわり算本来の等分除の意味に基づき、小数第一位以下の商を求めていく。さて、５年で商を表す分数を学習すると分数を小数に変換することができる。このとき登場してくるのが本問で取り組もうとしている循環小数である。この循環小数は中学校で学習するが小学校でも積極的にふれておきたい。一見､円周率と同様に無限に不規則に続く数ととらえがちであるが､分数と同様に有理数の集合に入る。以下の式のように 10 の n 乗（循環桁数）をかけてひくと端数がすべて消去されてしまう。また循環部分の数は必ず９を因数にもっているので安心して約分を続けていきたい。このように循環小数は必ず小数に直すことができる。どうやら、おもしろい循環小数は分母が素数になっているときではないかと仮説をたてることができる｡中学で以下のように循環小数の表示を学習するのだが､それまで待たずに４年で小数が第３位まで拡張される際、同時に知識・理解の内容として指導されることを切望する。

$$
\begin{aligned}
0.142857\cdots\cdots &\times 1000000 &= 142857.142857\cdots\cdots \\
0.142857\cdots\cdots &\times 1 &= 0.142857\cdots\cdots \\
0.142857\cdots\cdots &\times 999999 &= 142857.000000\cdots\cdots \\
0.142857\cdots\cdots & &= 142857/999999 \\
0.142857\cdots\cdots & &= 1/7
\end{aligned}
$$

ワンポイント

循環小数の表し方

繰り返す先頭と末尾の数の上に・を打つ	1/3	=	$0.\dot{3}$
	1/7	=	$0.\dot{1}4285\dot{7}$

そして、19のずっと後ろに登場する興味深い「ぐるぐる数」は1/71である。この数はドイツの数学者ガウスという人が見つけたとされている。この分数もやはり循環小数になる。ただし、この小数は循環するのに35桁もかかる。「エクセル2010」というアプリケーションではそこまでの処理能力がない。そこで限界と思われる16桁でチャレンジしてみた。分母が71で分子が1から73までの分数を循環小数に直す式を示してみた。それぞれの式の中にとぎれとぎれに隠れている。1/71の正確な値、すなわち35桁で循環する「ぐるぐる数」を見つけてほしい。何とガウス先生は以下の70問以上の計算を11歳のとき3分以内でできたそうだ。

1 ÷ 71 = 0.0140845070422535 ……
2 ÷ 71 = 0.0281690140845070 ……
3 ÷ 71 = 0.0422535211267606 ……
4 ÷ 71 = 0.0563380281690141 ……
5 ÷ 71 = 0.0704225352112676 ……
6 ÷ 71 = 0.0845070422535211 ……
7 ÷ 71 = 0.0985915492957746 ……
8 ÷ 71 = 0.1126760563380280 ……
9 ÷ 71 = 0.1267605633802820 ……
10 ÷ 71 = 0.1408450704225350 ……
11 ÷ 71 = 0.1549295774647890 ……
12 ÷ 71 = 0.1690140845070420 ……
13 ÷ 71 = 0.1830985915492960 ……
14 ÷ 71 = 0.1971830985915490 ……
15 ÷ 71 = 0.2112676056338030 ……
16 ÷ 71 = 0.2253521126760560 ……
17 ÷ 71 = 0.2394366197183100 ……
18 ÷ 71 = 0.2535211267605630 ……
19 ÷ 71 = 0.2676056338028170 ……
20 ÷ 71 = 0.2816901408450700 ……
21 ÷ 71 = 0.2957746478873240 ……
22 ÷ 71 = 0.3098591549295770 ……
23 ÷ 71 = 0.3239436619718310 ……
24 ÷ 71 = 0.3380281690140850 ……
25 ÷ 71 = 0.3521126760563380 ……
26 ÷ 71 = 0.3661971830985920 ……
27 ÷ 71 = 0.3802816901408450 ……
28 ÷ 71 = 0.3943661971830990 ……
29 ÷ 71 = 0.4084507042253520 ……
30 ÷ 71 = 0.4225352112676060 ……
31 ÷ 71 = 0.4366197183098590 ……
32 ÷ 71 = 0.4507042253521130 ……
33 ÷ 71 = 0.4647887323943660 ……
34 ÷ 71 = 0.4788732394366200 ……
35 ÷ 71 = 0.4929577464788730 ……
36 ÷ 71 = 0.5070422535211270 ……
37 ÷ 71 = 0.5211267605633800 ……
38 ÷ 71 = 0.5352112676056340 ……
39 ÷ 71 = 0.5492957746478870 ……
40 ÷ 71 = 0.5633802816901410 ……
41 ÷ 71 = 0.5774647887323940 ……
42 ÷ 71 = 0.5915492957746480 ……
43 ÷ 71 = 0.6056338028169010 ……
44 ÷ 71 = 0.6197183098591550 ……
45 ÷ 71 = 0.6338028169014080 ……
46 ÷ 71 = 0.6478873239436620 ……
47 ÷ 71 = 0.6619718309859150 ……
48 ÷ 71 = 0.6760563380281690 ……
49 ÷ 71 = 0.6901408450704230 ……
50 ÷ 71 = 0.7042253521126760 ……

51 ÷ 71 = 0.7183098591549300 ……
52 ÷ 71 = 0.7323943661971830 ……
53 ÷ 71 = 0.7464788732394370 ……
54 ÷ 71 = 0.7605633802816900 ……
55 ÷ 71 = 0.7746478873239440 ……
56 ÷ 71 = 0.7887323943661970 ……
57 ÷ 71 = 0.8028169014084510 ……
58 ÷ 71 = 0.8169014084507040 ……
59 ÷ 71 = 0.8309859154929580 ……
60 ÷ 71 = 0.8450704225352110 ……
61 ÷ 71 = 0.8591549295774650 ……
62 ÷ 71 = 0.8732394366197180 ……
63 ÷ 71 = 0.8873239436619720 ……
64 ÷ 71 = 0.9014084507042250 ……
65 ÷ 71 = 0.9154929577464790 ……
66 ÷ 71 = 0.9295774647887320 ……
67 ÷ 71 = 0.9436619718309860 ……
68 ÷ 71 = 0.9577464788732390 ……
69 ÷ 71 = 0.9718309859154930 ……
70 ÷ 71 = 0.9859154929577460 ……
71 ÷ 71 = 1.0000000000000000 ……
72 ÷ 71 = 1.0140845070422500 ……
73 ÷ 71 = 1.0281690140845100 ……

解答：　0.01408450704225352112676056338028169 ……

ワンポイント

わり算の記号÷は分数をつくることを示している。

1÷7＝$\frac{1}{7}$であることを5年で学習する。記号の上の˙に1、下の・に7をあてはめると$\frac{1}{7}$になる。また最近は÷の記号の替わりに／（スラッシュ）を用いることもある。

年　　組　　名前（　　　　　　　　　　　　　　）

数と計算

3 ダーツの得点

ダーツを６本投げたら、６本とも右の図のような的に当たりました。真ん中の９点のところにも当たりました。得点の合計は次のどれでしょう。

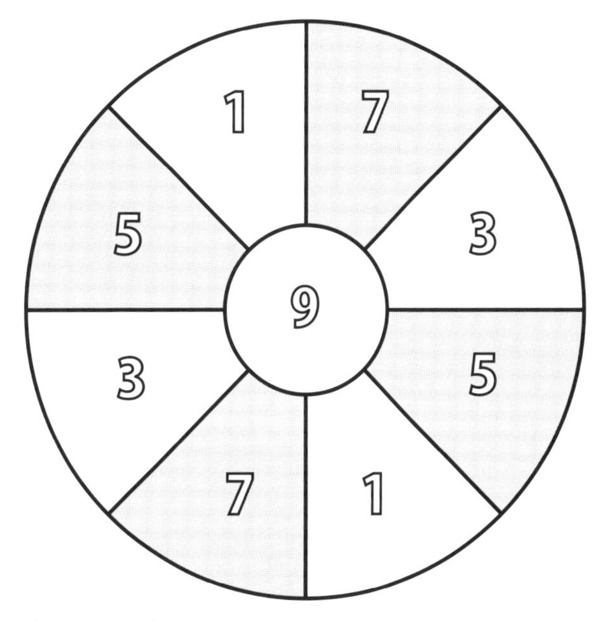

12 点・21 点・24 点・31 点・43 点・56 点

また、どの得点のところに何本ずつ当たったか調べましょう。

的に当たった数と得点の関係

的	9	7	5	3	1	合計
当たった数						
得点						

解答と解説

解答：

$9 \times 1 + 7 \times 1 + 5 \times 1 + 1 \times 3 = 24$

$9 \times 1 + 7 \times 1 + 3 \times 2 + 1 \times 2 = 24$

$9 \times 1 + 5 \times 1 + 3 \times 3 + 1 \times 1 = 24$

$9 \times 1 + 3 \times 5 = 24$

$9 \times 2 + 3 \times 1 + 1 \times 3 = 24$

的に当たった数と得点の関係

的	9	7	5	3	1	合計
当たった数	2	0	0	1	3	6
得点	18	0	0	3	3	24

四則計算において数範囲が２位数以上に拡張されると、計算に先立って見積りを立てることが大切である。その際、解の変域はどの範囲にあるかつかんでおきたい。本問においては$9 + 1 \times 5 < 合計 < 9 \times 6$の範囲にある。また、的の点数がすべて奇数であることから６投の合計は偶数となる。選択肢の中で２つの条件を満たすのは「24」しかない。ただ本当にそうなる数の組が存在するか確かめる必要がある。６投で24点ということは５投で15点と読み換えることができる。平均の考えを用いると、３点が多いと予想される。これから先は学習者の実態に応じた展開を工夫してもらいたい。上記の表を活用して、複数の解答を見つけるのもよい。数学的な考え方が育っている児童には論理的に解決させたい。９点２投の場合、９点１投７点１投、９点１投５点１投の場合に分けて落ちがないように調べさせたい。

さらに発展的な扱いとして「解なし」の数値も準備しておきたい。

年　　組　　名前（　　　　　　　　　　　　　　　　　　）

変化と数量関係

4 ハノイの塔

ルールはとても簡単です。３本の塔（柱）が立っています。左の塔に穴のあいた大中小３枚のパーツ（円盤）が下から大きい順に積んであります。このパーツ全部を右の塔に移すのに何回かかるでしょう。ただし１回に１枚しか動かせません。また、小さいパーツの上に大きいパーツを乗せることもできません。３枚のときの回数が調べられたら、４枚・５枚……のときの回数も工夫して数えてみてください。

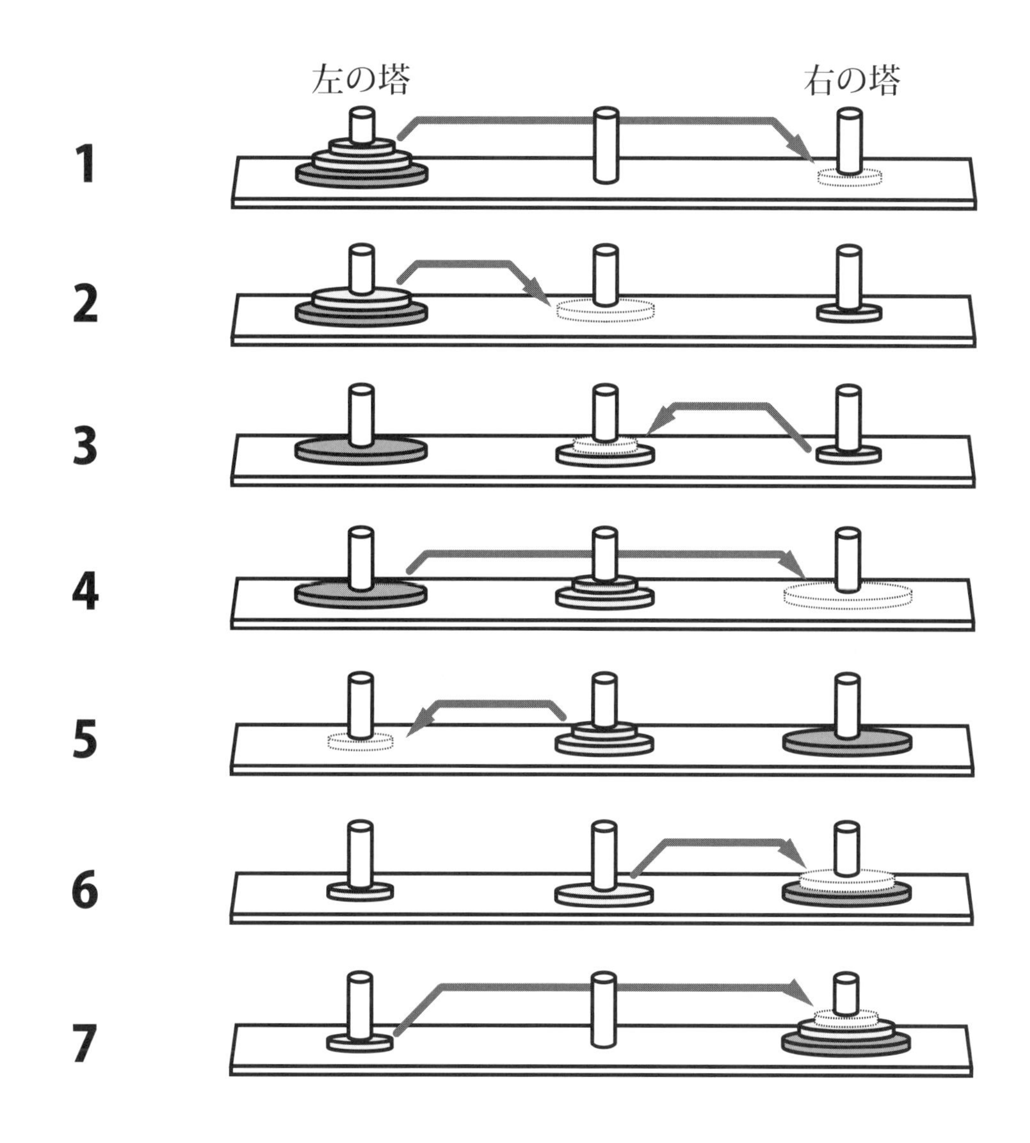

解答と解説

解答：

３枚―７回　４枚―15 回　５枚―31 回　６枚―63 回　７枚―127 回

８枚―255 回

ハノイの塔のパーツの数と動かす回数の関係

パーツの数（x）	0	1	2	3	4	5	6	7	8
動かす回数（y）		1	3	7	15	31			
よく出てくる式			2×2−1	2×2×2−1					

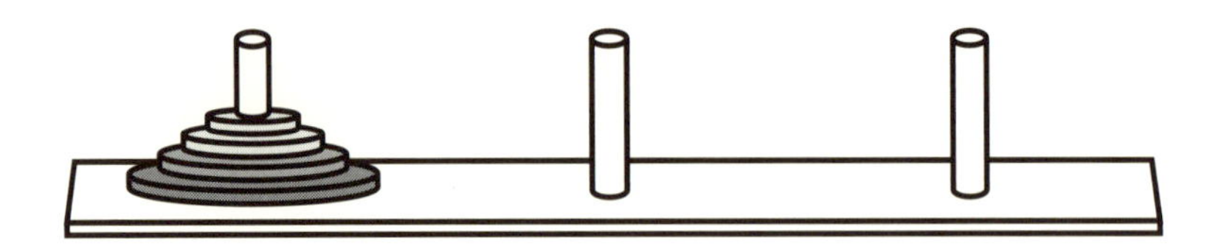

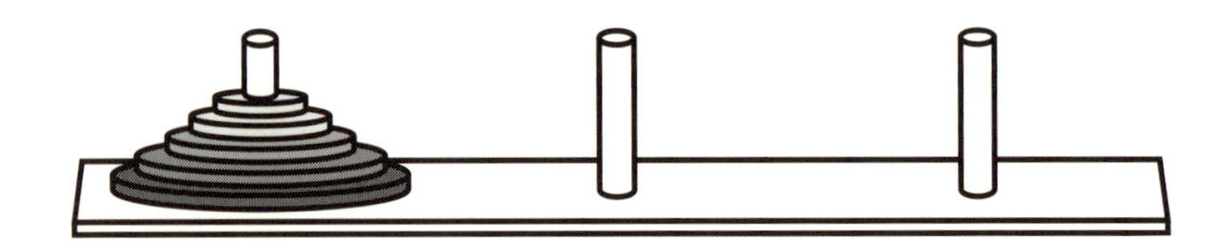

本問はxとyの間に前頁の表に整理したように、yは２のx乗に依存関係がある指数関数である。この「和算とクイズ」に取り上げたのはほとんどが１次関数（商が一定の場合は比例関係）である。そのほかには、４年・６年で分数関数（積が一定の場合は反比例）と６年で２次関数（円の面積と半径の関係）を経験する。比例関係ばかりを扱っていると、yが単調増加するものはすべて「比例」と勘違いするものもいるので、同じ１次関数でも差が一定の関係や、上記のような関数にもふれておくようにしたい。このパズルはパーツが１枚増えたときは、最初から考え直すのではなく、１つ前の数を元にして考えていくおもしろさを味わってもらいたい。表からわかるように３枚のときは７回で移動できる。４枚になると３枚の移動回数（７回）に底の１枚の移動回数（１回）をたし、さらに３枚の移動回数（７回）をたせばよい。式で表すと次のようになる。

●xが３枚のとき、y＝（２×２×２－１）という関係が成り立つ。
●xが４枚のとき、３枚を元にして、y＝（２×２×２－１）＋１＋（２×２×２－１）となる。
●さらに、式変形して、y＝（２×２×２）×２－１＋１－１　と簡潔になる。
●最後に､4枚のとき､y＝（２×２×２×２－１）も成り立つことを示している。
●故に（したがって）xが自然数をとるとき、yは２のx乗－１が常に成り立つ。

以上のような、論理的な思考を用いる命題を解決する方法を「数学的帰納法」と呼ぶ。高校生になれば必ずお目にかかる内容なので先生方も教材研究をしていただく必要がある。小学校ではxとyの式に一般化する必要はないが､「数学的帰納法のよさ」を具体物の操作や表の変化を読みとることにより、関数や式の不思議さや楽しさを体感してくれればとてもうれしいことである。

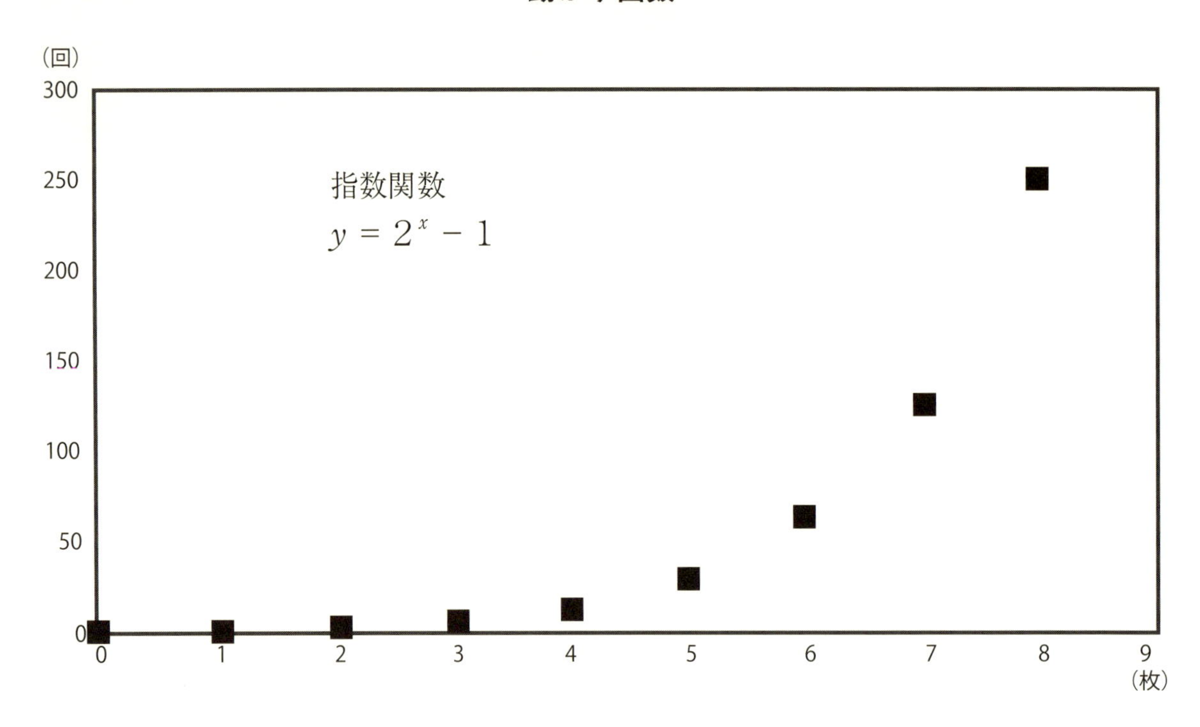
動かす回数
(回)
300
250
200
150
100
50
0
指数関数
$y = 2^x - 1$
0
1
2
3
4
5
6
7
8
9
(枚)

和算の本を読んでみたら（福井昭二）
（2）カラスとネズミはたくさんいるよ

左に示したのはのからす算という。塵劫記に出ている。今の言い方に直せば次のようになる。

> ９９９羽のからすが９９９浦の海岸で９９９声ずつ鳴いたとき、全部で何声鳴いたことになるか。
> また、９９羽のからすが９９声ずつ９９浦の海岸で鳴いた場合は何声になるか。

これは、数字の語呂あわせを楽しみながら、面倒な計算ができるかどうかの力試しもしたものである。答えは

９９９×９９９×９９９＝９９７００２９９９（声）

であるが、電卓がない時代では計算がたいへんであったろう。

９９羽のからすが９９声ずつ９９浦とだしてあるのは、練習の意味もあるのだろうか。

９９×９９×９９＝９７０２９９

となり、上と比べてみるとおもしろい。９９９９にしてみたらどうなるか、数字の並びかたを調べてみたら…。

ねずみ算はあまりにもよくその名を知られているが、実際にどのような形で記されているかは、目にすることは少ない。

塵劫記の記述により紹介してみよう。

> 正月にねずみちちははいてて、子を１２ひきうむ。おやともに１４ひきになる。此のねずみ２月には子も又１２ひきづつ生むゆえに、おやこともに９８ひきに成る。かくのごとくに月に一度ずつおやも子も、又まごもひこも月々に１２ひきずつうむ時に、年中になにほどになるぞという時に、おやもこも惣合年中に

年中に　合２７６８２５７４４０２疋

正月に　父母２匹と子１２匹の図がある（図略）

２月に	生れ	８４疋	おや共に	９８疋	（図略）
３月に	生れ	５８８疋	おや共に	６８６疋	
４月に	生れ	４１１６疋	おや共に	４８０２疋	
５月に	生れ	２８８１２疋	おや共に	３３６１４疋	
６月に	生れ	２０１６８４疋	おや共に	２３５２９８疋	
７月に	生れ	１４１１７８８疋	おや共に	１６４７０８６疋	
８月に	生れ	９８８２５１６疋	おや共に	１１５２９６０２疋	
９月に	生れ	６９１７７６１２疋	おや共に	８０７０７２１４疋	
１０月に	生れ	４８４２４３２８４疋	おや共に	５６４９５０４９８疋	
１１月に	生れ	３３８９７０２９８８疋	おや共に	３９５４６５３４８６疋	
１２月に	生れ	２３７２７９２０９１６疋	おや共に	２７６８２５７４４０２疋	

法に、ねずみ２疋に７を　１２たび掛くれば　右のねずみの高としれ申し候。　（以下略）

（読みやすいように「かな」は現在の字体に直し、数字は算用数字にした。）

年　　組　　名前（　　　　　　　　　　　　　　　）

数と計算

5 烏鳴算（うめいざん）

C

999 羽のからすが 999 の浦（海岸）で 999 の声を出して鳴きました。全部で何声鳴いたことになりますか。また、99 羽のからすが 99 の浦で 99 の声を出して鳴いたときも調べましょう。この問題はぜひ計算機を使ってください。最初の問題はおそらく、桁数が多くてエラー表示が出る計算機があると思います。答えが求められたら、積の数字の並び方からきまりを見つけましょう。

③　999 × 999 × 999 ＝ ［　　　　］

②　99 × 99 × 99 ＝ ［　　　　］

①　9 × 9 × 9 ＝ ［　　　　］

④　9999 × 9999 × 9999 ＝ ［　　　　］

⑤　3 × 9 ＋ 6 ＝ 33

⑥　33 × 99 ＋ 66 ＝ 3333

⑦　333 × 999 ＋ 666 ＝ ［　　　　］

⑧　3333 × 9999 ＋ 6666 ＝ ［　　　　］

⑨ 33333 × 99999 ＋ 66666 ＝ □

⑩ 12345679 × 1 × 9 ＝ 111111111

⑪ 12345679 × 2 × 9 ＝ □

⑫ 12345679 × 3 × 9 ＝ □

⑬ 12345679 × 4 × 9 ＝ □

⑭ 12345679 × 5 × 9 ＝ □

⑮ 12345679 × 6 × 9 ＝ □

⑯ 12345679 × 7 × 9 ＝ □

⑰ 12345679 × 8 × 9 ＝ □

⑱ 12345679 × 9 × 9 ＝ □

解答と解説

解答：

③ $999 \times 999 \times 999 = 997002999$

② $99 \times 99 \times 99 = 970299$

① $9 \times 9 \times 9 = 729$

④ $9999 \times 9999 \times 9999 = 999700029999$

⑤ $3 \times 9 + 6 = 33$

⑥ $33 \times 99 + 66 = 3333$

⑦ $333 \times 999 + 666 = 333333$

⑧ $3333 \times 9999 + 6666 = 33333333$

⑨ $33333 \times 99999 + 66666 = 3333333333$

⑩ $12345679 \times 1 \times 9 = 111111111$

⑪ $12345679 \times 2 \times 9 = 222222222$

⑫ $12345679 \times 3 \times 9 = 333333333$

⑬ $12345679 \times 4 \times 9 - 444444444$

⑭ $12345679 \times 5 \times 9 = 555555555$

⑮ $12345679 \times 6 \times 9 = 666666666$

⑯ $12345679 \times 7 \times 9 = 777777777$

⑰ $12345679 \times 8 \times 9 = 888888888$

⑱ $12345679 \times 9 \times 9 = 999999999$

本問は４年までの「かけ算」の筆算の学習と関連している。計算（筆算）の結果を確かめる際に計算機で自己評価する活動はすでに取り入れていることと思う。本問では一歩進んで、計算機を操作することによって見つかる整数の性質やきまりやおもしろさに着目させたい。また、計算機が扱える数範囲と機能の限界についても経験させておきたい。本問の出典もおなじみの和算である。まず③の 999 羽の場合を提示した後に②の 99 羽の場合を考えるように示唆している。これは単純化の考えといってたいへん大切な考え方である。ここではその意を汲んで、最初に①の９羽の場合から調べるとよいことを理解させる。さて、一般の計算機は８桁までの処理機能しかもっていない。まず、それぞれの解がおよそどれくらいになるか見積りを立てる必要がある。本問の場合は1たすと10のn乗になるのでわかりやすい。① <1,000、② <1,000,000、③ <1,000,000,000である。したがって、③の場合は直接解を計算機で求めることはできないことを予想させたい。まず①は9 × 9 = 81、81 × 9 = 729となる。②は99 × 99 = 9801、9801 × 99 = 970299、③は999 × 999 = 998001、998001 × 999 = 997002999となる。ここまでくると、必然的に④ 9999 × 9999 × 9999の積を予想したくなる。きまり通りに考えると999700029999となる。さて、本問をここで終わらせてはもったいない限りである。999は111を約数にもっている。少しだけこのことにふれてみよう。11 × 11 = 121、121 × 11 = 1331、111 × 111 = 12321、12321 × 111 = 1367631、1111 × 1111 = 1234321と興味は尽きない。⑤〜⑨の問題は11、111、1111、11111を因数にもつ大きな数（整数）について調べる問題である。同じ数が何桁も重なって出てくるとき何かきまりがありそうだなと胸がわくわくしてくる。もし、それが宿題や算数の学習時間帯であれば迷わずに「11」、「111」、「1111」、「11111」ワールドに寄り道してみよう。「数に対する豊かな感覚」はこんなときに育っていく。

ここで計算機についてふれておきたいと思う。よく、導入する学年を聞かれる。そのときはいつも四則計算が出揃った３年が適当であると答える。この「和算とクイズ」に取り組むときは必ず準備しておきたい。４年で等分除の場面で割進むことを学習する。除数が２・４・５などわりきれる数のときはよいが３・７のように、循環小数になるときは商の数の並び方がよくわかるので、忘れずに計算機を活用していきたい。保護者の中にはまだまだ誤解するむきがあるので、導入する学年においては慎重に扱ってもらいたい。A領域の学習では最初から計算機を用いるのではなく、あくまでも自己評価のツールとして用いることをしっかりと約束しておく必要がある。それ以外のB・C・D領域では時間短縮のために、積極的に使わせたい。円周率のようにたくさんのデータを収集して帰納する場合には絶大な威力を発揮する。さて、本問では用いないが「分数計算機」という超優れものが各メーカーから発売されている。試しに公費で何台か整備なさることをおすすめする。お若い先生方であれば給料日にさらに高機能な計算機をおもとめになってはいかがであろう。tanキーは「1㎠増えた」、logキーは「重いボール」。いじっているだけでもたいへん興味深い。いずれにしても、教育課程・指導計画に計算機の活用について明記しておくことが大切である。

年　　組　　名前（　　　　　　　　　　）

数と計算

6 ふくめん算

昭和の時代のヒーローといえば鞍馬天狗や月光仮面がいました。この2人はもちろん正義の味方なのですが、共通していることはふくめんをしていることです。「ふくめん」というのは布などで顔を覆い「どこの誰か」わからないようにしていることです。これからみなさんが取り組む数も、アルファベットでふくめんをしていてよくわかりません。アルファベットまたは記号にあてはまる数は１～６のどれなのか調べましょう。

① A÷B＝A　C－B＝B
C＋B＝D　（E－A）×（A－F）＝B

A	B	C	D	E	F

② A×B＝B　B－C＝A　C＋D＝F
D×F＝AD

A	B	C	D	E	F

③ A／C＋A／C＝A　A／C＋A／D＝F／B
C／D×B＝E　D／E－F／AC＝A／D

A	B	C	D	E	F

④

	KYOTO
+	OSAKA
	TOKYO

⑤

	PEACH
+	LEMON
	APPLE

⑥

	SEND
+	MORE
	MONEY

⑦

	ONE
	TWO
+	FOUR
	SEVEN

⑧

	♦♥♥♥♦
+	♠♠♠♠♠
	♦♦♥♥♥♥

⑨

	♦♠♦♠♦
+	♠♦♠♦♠
	♦♦♦♦♦♥

⑩

	●●●
+	◆◆◆
	▲▲▲■

⑪

	●◆■
●)	▲▲▲■

解答と解説

解答：

①A：5　B：1　C：2　D：3　E：6　F：4

②A：1　B：5　C：4　D：2　E：3　F：6

③A：1　B：6　C：2　D：3　E：4　F：5

④	KYOTO	41373
	+ OSAKA	+ 32040
	TOKYO	73413
⑤	PEACH	36817
	+ LEMON	+ 46529
	APPLE	83346
⑥	SEND	9567
	+ MORE	+ 1085
	MONEY	10652
⑦	ONE	940
	TWO	729
	+ FOUR	+ 8935
	SEVEN	10604
⑧	◆♥♥♥◆	10001
	+ ♠♠♠♠♠	+ 99999
	◆◆♥♥♥♥	110000
⑨	◆♠◆♠◆	19191
	+ ♠◆♠◆♠	+ 91919
	◆◆◆◆◆♥	111110
⑩	●●●	333
	+ ◆◆◆	+ 777
	▲▲▲■	1110
⑪	●◆■	370
	●)▲▲▲■	3)1110
	▲▲▲■	1110
	■	0

本問は４年までの四則計算の総まとめとして位置付けると価値が高くなる。これまで子どもたちは、加法と減法、乗法と除法が互いに逆演算の関係になっていることを学習してきた。「ふくめん算」は古くから身近な問題として親しまれてきた。なお、数字が一つも入っていない計算を「ゆうれい算」と呼ぶこともある。本問ではアルファベットまたは記号に対して、どれが１～６の数であるか条件から見つけていく。①と②は整数の場面で加減法と乗法があるので２年以上、③は分数の場面なので５年の異分母分数の加減法の学習を終えた後がよい。さらに、④～⑨と⑩は筆算（たし算）の形をしたふくめん算である。10 個の数の中で比較的見つけやすい数が０と１である。内容としては２年でもチャレンジできる。①・②・③の問題は最大値が６であるので試行錯誤によって見つけることができる。⑪の除法の筆算はどんな１位数でも構わない。やはり、何度も使われている文字や記号は、いろいろな数字を入力して調べてみたい。本問でも何種類か違った組の解答が出て来る可能性が考えられる。この計算のおもしろいところは、同じふくめんをしている数は連動して同じ数を示している。虫くい算と併用しながら計算に対する関心を高めていきたい。子どもたちが進んで問題を作ってみたいということであれば、「算数グッズ」の「計算用紙」を活用していただければ、時間短縮が図れる。

なお、「算数グッズ」には、以下のものがある。

アレイ図、かけ算の表、グラフ用紙、タイル図、テープ図・線分図、位取り板、格子点、方眼紙、関数･統計表、計算カード、計算用紙、数と数字、数の表、数直線、データ集計表。

年　　組　　名前（　　　　　　　　　　　　）

数と計算

7 虫くい算

下の計算用紙は虫さんが□の部分を食べてしまって筆算の途中が□になっていてよくわかりません。このような計算を「虫くい算」と呼んでいます。□にあてはまる数を調べましょう。

①
```
    1 □ 3
+   4 5 □
---------
    □ 7 9
```

②
```
    5 2 6
-   □ 7 □
---------
    3 □ 7
```

③
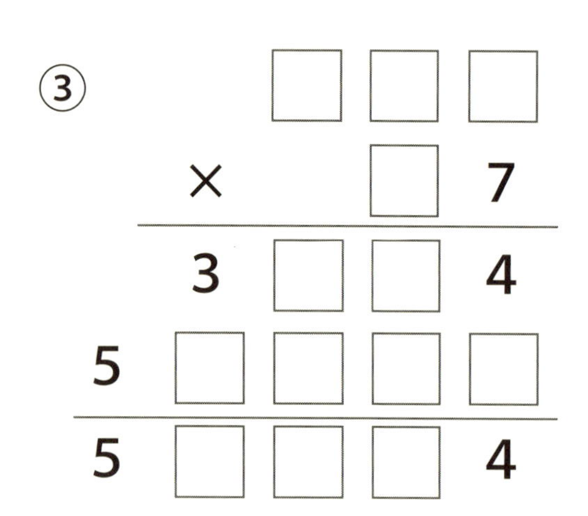

④
```
         □ □
     ________
 □ 3 ) 9 4 9
       □ □
       -----
       □ □ 9
       □ □ 9
       -----
           0
```

⑤
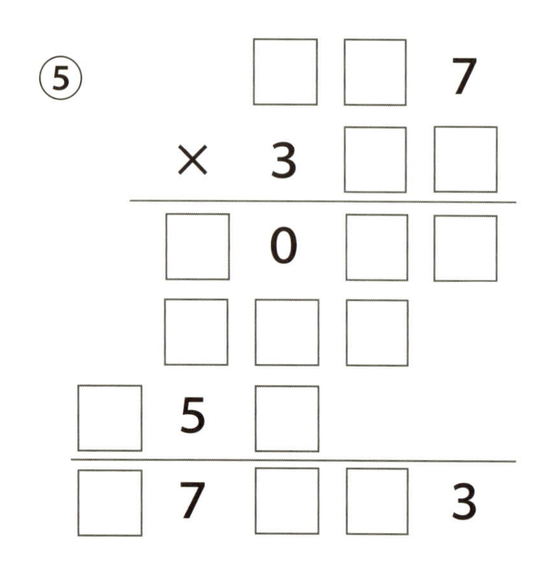

解答と解説

解答：

①123 + 456 = 579

②526 − 179 = 347

③562 × 97 = 54514

④949 ÷ 73 = 13

⑤117 × 319 = 37323

本問は４年までの四則計算の総まとめとして位置付けると価値が高くなる。これまで子どもたちは、加法と減法、乗法と除法が互いに逆演算の関係になっていることを学習してきた。「虫くい算」は古くから身近な問題として親しまれてきた。江戸時代、商人のつける大福帳は虫に食い荒らされることが多く、そのために数字が読めなくなることがしばしばあったそうである。本問では①・②の加減法で「虫くい算」の解き方を理解し、③・④・⑤の乗除法でその技能を活用していく構成とした。ここでは数の変域や繰り上がり繰り下がりに着目し、筆算のしくみについて理解を深めていく。このとき、演繹的な考え方が随所で発動されると予想できる。また、筆算の習熟にあたっては無味乾燥とした練習問題を多数課すのではなく、「虫くい算」をいくつか取り上げてみてはいかがなものであろうか。本問を手掛かりとして、子どもたちに問題を考えさせ互いに出し合うことも試してみたいことの一つである。例えば虫くいの位置を変えると解決不能になったり複数解答が存在したりするなど、多様に発展する。出題者がその変域上に本当に解があるのか事前に確かめておく必要がある。

年　　組　名前（　　　　　　　　　　　　　　　）

数と計算

8 金剛石算

殿様がかわいい３人の姫たちに金剛石を分け与えることにしました。まず第１の姫には全部の金剛石の半分とあと１個を与えました。次に第２の姫には残りの金剛石の半分とあと１個を与えました。さらに第３の姫にもその残りの金剛石の半分とあと１個を与えました。すると殿様の手もとには金剛石は１個だけ残りました。

さて、殿様の金剛石は全部で何個あったでしょう。

アレイ図、テープ図、線分図、面積図……

解答と解説

解答：

22 個（第１の姫 12 個・第２の姫６個・第３の姫３個・残り１個）

本問を順思考で中学生が立式すると次のようになる。殿様の宝石→K　第１の姫→F　第２の姫→S　第３の姫→T　とすると　K＝F＋S＋T＋１　F＝K÷２＋１　S＝（K－F）÷２＋１　T＝（K－F－S）÷２＋１　と４元１次連立方程式となる。これをT，S，Fの順に代入消去していけばよいと見通しが立つ。しかし、できあがった式はかっこが何重にもなる世にも恐ろしい式になりそうである。そこで小学生は数値の易しい第３の姫から考えればよい。２等分した数から１個もらうので残りとの差は２個違いである。１＋２＝３が解である。そうすると第２の姫がもらった後の残りが４個ということになる。また同様に２個違いなので、４＋２＝６が第２の姫の解である。ここまでくればしめたものである。第１の姫は 10 ＋２＝ 12 が解となる。殿様の宝石の総数は　１＋３＋６＋ 12 ＝ 22　と求めることができる。さて、ここでは数量の関係をつかむために、テープ図・線分図を活用したい。本問は求残に類するので図は１本が適当である。また結果を求めた後に確かめのために数を記入した図を用いることも価値がある。「テープ図・線分図」を用意いただきたい。テープ図は除法の立式を学んでいない２年でも、このような等分除の場面においても威力を発揮する。

殿様と３人の姫たちの宝石の数の関係

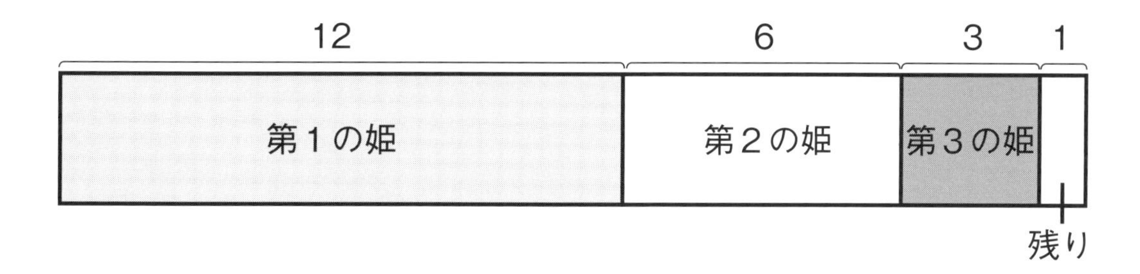

年　　組　　名前（　　　　　　　　　　　　　　）

数と計算

9 奇偶算

① まず２桁の整数を決めて頭の中に思い浮かべてください。

② 次にその数から１・３・５……と順に奇数をひいていってください。
　ひけなくなったらあまりを教えてください。

③ 次にその数から２・４・６……と順に偶数をひいていってください。
　ひけなくなったらあまりを教えてください。

パソコンが数を当ててしまいます。

あなたも２つのひき算のあまりから思い浮かべた数を当てることはできませんか？ 奇数と偶数に関係がありそうです！ 友達どうしで問題を出し合って数のしくみを考えてみましょう。

この問題を解くにはパソコンが必要なんだね。

いいえ。友達が決めてくれた数をもとにして、計算機やそろばんや筆算を使ってやっても構わないのよ。

解答と解説

解答：

５年では異分母分数の加減法の計算に入る前に、約数・倍数・奇数・偶数・素数について学習する。本問は、２の剰余類である奇数・偶数から発展して、７の剰余類である曜日や10と12の剰余類である干支について学習した後、「整数の見方」の最終時に扱うと数に対する感覚が豊かになると期待できる。児童が計算で求めたあまりから、パソコンが逆算して元の数を当てるという展開にする。一般の２位数を順に取っていくので、子どもが計算間違いをしないように、おはじき・ブロック・立方体などがあれば準備しておきたい。元の数を求める計算は一見複雑に思えるが、比較的容易である。実際におはじきやブロックを元の数だけ取り出し下の図のように並べかえていく。奇数列１・３・５……をひいていったあまりと偶数列２・４・６……をひいていったあまりの差がひき算を行った回数と等しくなる。また、元の数から順に○：－１　△：－３　◇：－５　▽：－７　□：－９　☆：－11……とひいて並べかえると下のような正方形の図になる。等差数列１・３・５……の和は、平方数１・４・９……に置き換えることができる。すなわち、あまりの差の２乗に奇数列のあまりをたすと解になる。本問で登場する平方数の数列はこの先しばしば出てくる重要な数の集まりであるので、一人ひとりの子どもから意見を取り上げていく中で、強く平方数を意識づけられるよう配慮する必要がある。本書に収録されている「百五減算」と同じように家庭に戻って家族に出題するよう促すと保護者の関心も高まっていく。

奇数列	1	4	9	16	25	36
1	○	△	◇	▽	□	☆
3	△	△	◇	▽	□	☆
5	◇	◇	◇	▽	□	☆
7	▽	▽	▽	▽	□	☆
9	□	□	□	□	□	☆
11	☆	☆	☆	☆	☆	☆

偶数列	○	△	◇	▽	□	☆
2	○	△	◇	▽	□	☆
4	△	△	◇	▽	□	☆
6	◇	◇	◇	▽	□	☆
8	▽	▽	▽	▽	□	☆
10	□	□	□	□	□	☆
12	☆	☆	☆	☆	☆	☆

年　　組　　名前（　　　　　　　　　　　　　）

数と計算

10 九去算（九去法）

計算名人が「九去法」という古くから伝わる検算（計算の確かめ）の方法を使って、みんなが計算した結果に○付けをしています。何やらへんな計算をしています。下の筆算のように、たされる数・たす数・答えの全部の位の数を１桁の数にしてたし、結果を比べています。名人によるとこのたし算の筆算は正解だそうです。はたして本当でしょうか。またこの方法は、ひき算・かけ算にも使えるでしょうか。

右端の囲みの数をたし算してみましょう。

	6 2 4	6＋2＋4＝12→1＋2＝3
	↓ ↓ ↓	
＋	8 9 3	8＋9＋3＝20→2＋0＝2
	1 5 1 7	1＋5＋1＋7＝14→1＋4＝5

① 右端の囲みの数をひき算してみましょう。

	7 2 8	7＋2＋8＝17→1＋7＝8
−	2 9 4	2＋9＋4＝ ？ →？＋？＝？
	？？？？	？＋？＋？＋？＝ ？ →？＋？＝？

② 右端の囲みの数をかけ算してみましょう。

	？？	？＋？＝？→？＋？＝？
×	？？	？＋？＝？→？＋？＝？
	？？？	？×？＝？
	？？？	？＋？＝？
	？？？？	？＋？＋？＋？＝ ？ →？＋？＝？

解答と解説

解答：

１段目の被加数と２段目の加数の和が３段目の和と異なっているとき「計算間違いがある。」と指摘することはできるが、「絶対に正解である。」という保証はできない。また、この検算の方法は、減法・乗法でも用いることができる。

```
  728  →  7 + 2 + 8 = 17 → 1 + 7 = 8
- 294  →  2 + 9 + 4 = 15 → 1 + 5 = 6
-----
  434  →  4 + 3 + 4 = 11 → 1 + 1 = 2

   81  →       8 + 1 = 9 → 0 + 9 = 9
×  26  →       2 + 6 = 8 → 0 + 8 = 8
-----
  486                      9 × 8 = 72
 162                       ↓ 7 + 2 = 9
-----
 2106  → 2 + 1 + 0 + 6 = 9 → 0 + 9 = 9
```

本問は５年「整数の見方」の奇数・偶数など剰余類の学習と関連している。２の剰余類は０のグループ（偶数）と１のグループ（奇数）に類別される。そして、偶数と奇数の和は０＋１＝１で奇数となる。偶数と奇数の積は０×１＝０で偶数となる。９の剰余類についても同様のきまりが成り立つ。９の倍数であるかどうかを調べる際に、各位の数の和が９の倍数になっているかどうかということはかなりの子どもが知っている。それが、たし算などの演算にも適用できるということは大きな驚きに違いない。20と21の積は（２＋０）×（２＋１）＝６で６のグループに属している。すなわち420＝（９×２＋99×４）＋（０＋１×２＋１×４）で６という数が出てくる。15・24・33などと同じ性質をもつこととなる。なぜならば、10＝９＋１、100＝99＋１、1000＝999＋１、10000＝9999＋１…………（９の倍数＋１）となり、各位の数の和がうまいぐあいに、その数に対する９の剰余類のグループを示している。９をはじめとして、すべての剰余類の集合は整数（小数）範囲で加法・乗法に関して閉じている。

7の場合を考えると8日（日曜日）の10日後の18日は（8－7）＋（10－7）＝4、すなわち、4は日・月・火・水の4番目にあたる（水曜日）を表す。次に減法の場面であるが、最後の1位数どうしのひき算で減数が被減数より大きくなるときがある。すなわち差が負の数になってしまうときである。小学校では学んでいないので、負の数についてついでにふれておく必要がある。例えば　1－7＝－6　この場合9に対する補数と考えると9－6＝3とみることができる。さて、本問ではたずねていないが除法に関してはどうであろう。200÷7＝28 あまり4　という式から直接、九去法を適用するわけにはいかない。7×28＋4＝200と乗法・加法の混合式の逆演算として考えてみよう。すなわち7×10＋4→7×1＋4＝11→2、200→2＋0＋0＝2となった。どうやらわり算でも工夫すれば使えそうである。最後に九去法によって得られた左辺と右辺の数が一致するとき、必ず計算が合っているかというとそうではない。でたらめに求めた答えでもたまたま左辺の式と一致することがある。このような場面での反例を、以下のように1つ挙げればよい。いずれにしても、この検算の方法は桁数の多いときや手元に計算機を置いていないときなどに活用すると重宝する。

```
      81      →        8+1=9→0+9=9
   ×  26      →        2+6=8→0+8=8
   ┌ 576                     9×8=72
   │ 162                    ↓7+2=9
   │ 2196     →2+1+9+6=9→1+8=9
   │
   └6×8の九九を57と覚え間違いしている可能性がある。
```

年　　組　名前（　　　　　　　　　　　　）

測定

11 重いボール

色も形も大きさも同じボールがたくさんあります。この中から６個取り出し１個だけ重いボールを混ぜ７個にします。この重いボールをてんびんを使って見つけます。最低何回調べればよいでしょう。ボールの数が変化したときも調べてみましょう。

解答と解説

解答：

ボールの数とてんびんを使う回数の関係

ボール	1	2	3	4	5	6	**7**	**8**	9	10	11	12	13	14	15	16	17	18	19
てんびん	0	1	1	2	2	2	**2**	**3**	3	3	3	3	3	3	3	4	4	4	4

（**7**－１）÷２＝３　　（３－１）÷２＝１　　**2**回

8÷２＝４　　４÷２＝２　　２÷２＝１　　**3**回

本問は関数表を使って重いボールを見つける活動を通して、２のｎ乗にあたる数（１・２・４・８・16・32・64……）に着目することをねらっている。ボールの数が奇数のときは任意に１個取って残りを天秤に半数ずつ乗せる。つり合うようであれば取ったボールが重いとわかる。もし、天秤が傾くようであれば重いグループのボールを再度、同様に操作していけばよい。偶数の場合は天秤にそのまま半数ずつ乗せればよい。すなわち全部のボールが単独で比べられる最低の回数を求める問題である。表を分析するとわかるように、ｎ回の試行で決定できるボールの数は（０→１，１→２，２→４，３→８，４→16）と倍々に変化して繰りあがっていく。いいかえるとｎ回の試行で重いボールを決定できるのは、２のｎ乗以上－２の（ｎ＋１）乗未満の数である。本問の指導にあたってはこの後、128・256・512・1024・2048・4096・8192……と増えていくので特別な数として記憶させてもらいたい。中学で素因数分解を学習する際、たいへん役立つものと考える。さらにこれらの見方は指数関数・対数関数に発展していくので、そのとき「天秤でボールの重さ比べをしたときの関係」であると気付いてもらいたい。またこの関数（ガウス関数）をグラフに表すと整数値だけを以上未満（●……○）で変化する不連続な階段状のグラフとなる。

先生方の中に「大道芸」に造詣の深い方はおいでであろうか。「落語」とか「講談」とか「浪曲」とかが趣味の方はおいでであろうか。「蝦蟇（がま）の油売り」という有名な作品の中で、油売りが刀の切れ味を証明するために、半紙を半分・またその半分にどんどん切っていく。このときの口上が「１枚が２枚。２枚が４枚。４枚が８枚。８枚が16枚。……。比良の暮雪、散って落花の舞。」とこの数列が登場してくる。大道師はこの数を正確に記憶して数を倍々に積み上げながら、半紙を鮮やかな手つきで切り刻み最後は美しくふりまく。念のため教材研究としてはさみで半紙を切ってみたところ、32 枚あたりから刃が通りにくくなってくる。最近の油売りはこのあたりで手を打ってしまうので、比良の暮雪が美しく落花するように 512 枚・1024 枚あたりまでやっていただき、ぜひとも近江八景の美しさを再現していただきたいものである。

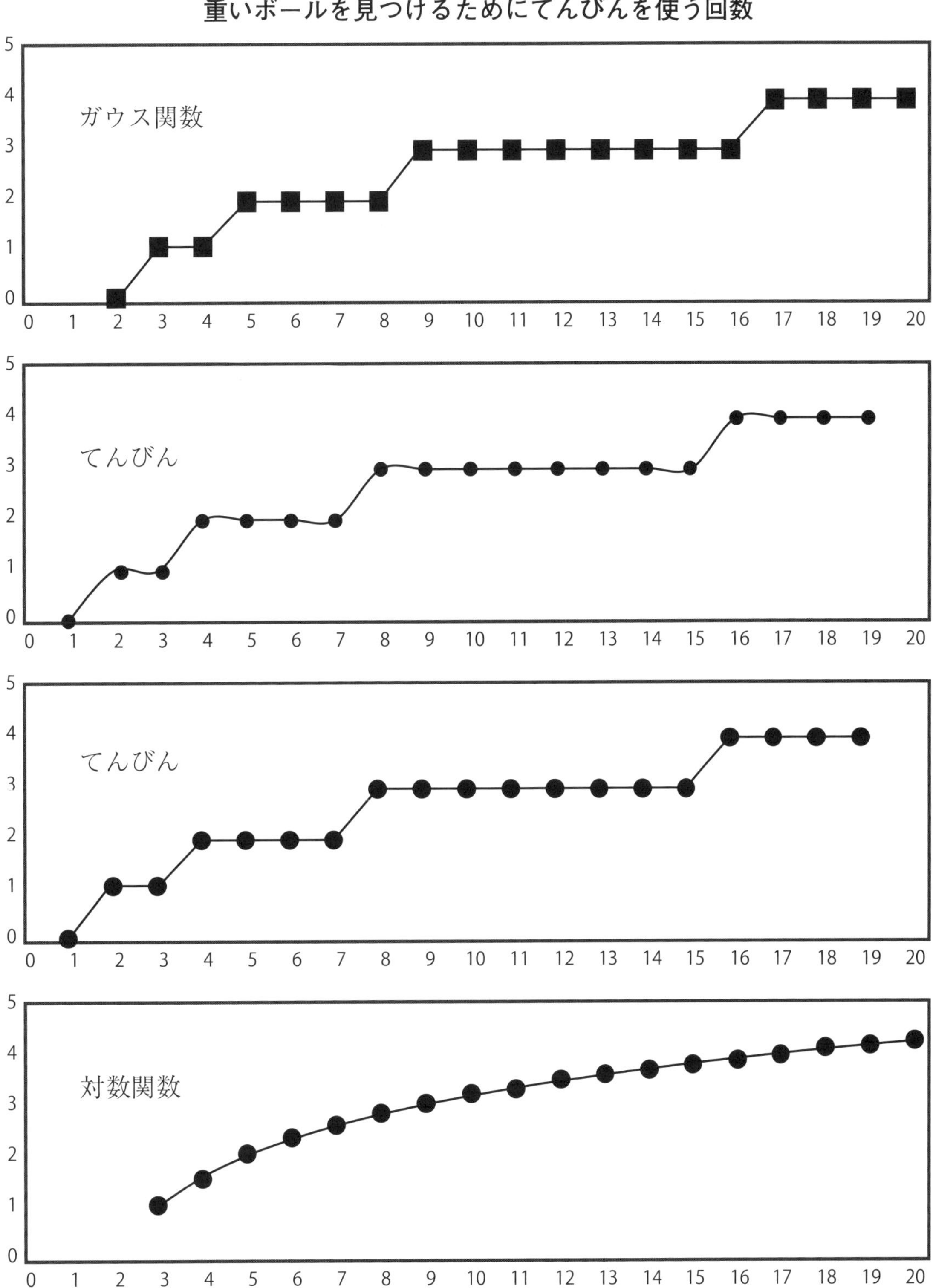

年　　組　　名前（　　　　　　　　　　　　　　　　　）

数と計算

12 小町算

　昔むかし京の都に小野小町（おののこまち）さんというたいそう美しいお姫様がいらしたそうです。「ぜひ妻になってほしい。」という申し込みが後を絶えませんでした。そこで小町さんは次のような問題を出し一番たくさん正解を考えた貴公子の妻になることにしました。□には演算記号が入ります。

1 □ 2 □ 3 □ 4 □ 5 □ 6 □ 7 □ 8 □ 9 ＝ 99

9 □ 8 □ 7 □ 6 □ 5 □ 4 □ 3 □ 2 □ 1 ＝ 99

解答と解説

解答：

1 + 2 − 3 + 4 + 5 × 6 − 7 + 8 × 9 = 99

9 × 8 + 7 × 6 − 5 − 4 − 3 − 2 − 1 = 99　など

本問は４年「計算のきまり・計算のやくそく」の学習と関連している。この単元では計算について成り立つ性質や乗除先行のきまりや（　　）の用い方などについて学習していく。本問では四則計算を工夫して99をつくることにしているが文献によっては100というものもある。また、（　　　）を使ってもよいことにすると、解は飛躍的に増えていく。問題解決にあたっては、やみくもに演算記号を入れていくのではなく、四則演算の可能性、すなわち加法·乗法は自然数の集合の中で閉じていること、減法は負の数を導入すると閉じること、除法は有理数（分数）の集合の中で閉じていることにもふれておきたい。特に除法は整除できない場合、合計はまず99にはならないので､変域についても話し合っておきたい。なお､以下に開発した小町算の本シートの数式は未完成である。99をつくる目的で演算記号を入れていけば問題ないのであるが、変域を調べようとして全部のセルに「×」を入れたり､「×」「÷」を隣どうしで続けて６個以上並べたりすると、驚くほど小さな答えになってしまうことがあるのでご留意されたい。また、（　　）を用いることも本学年の重要な内容である。そうすると、さらに複雑な関数式になるので、ご検討いただければ有難い。

年　　組　　名前（　　　　　　　　　　　　　　　　）

13 正方形の部屋は何畳

測定（変化関係）

畳(たたみ)1枚の広さは1畳(じょう)といいます。また、畳の形は正方形をちょうど半分に切った長方形です。下の図のように6畳の部屋はどう並べても正方形にはなりませんが、8畳の部屋はうまく並べると正方形になります。8畳以外で正方形になる場合を調べてみましょう。

6畳の部屋

8畳の部屋

？畳の部屋

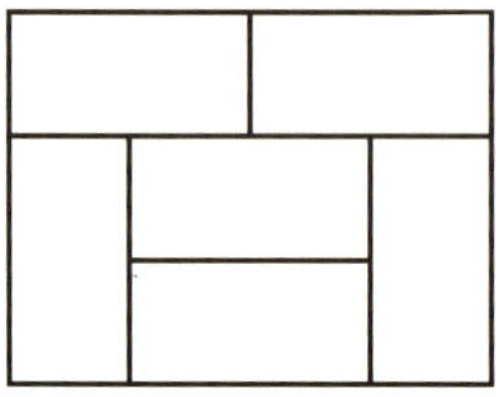

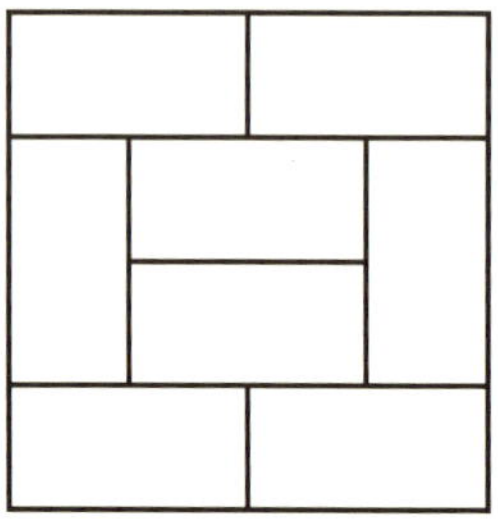

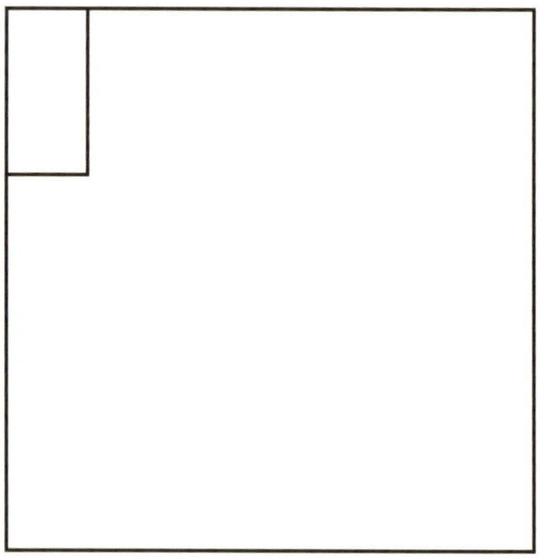

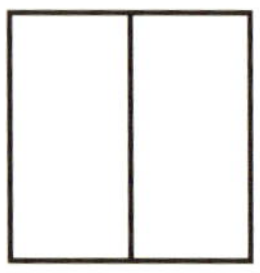

畳の長い辺（正方形の一辺）の長さと畳の数の関係

畳の長い辺	1	2			
畳の数（解答）	2	8			
関係式	1 × 1 × 2	2 × 2 × 2			

解答と解説

解答：

畳の長い辺（正方形の一辺）の長さと畳の数の関係

畳の長い辺	1	2	3	4	5
畳の数（解答）	2	8	18	32	50
関係式	1 × 1 × 2	2 × 2 × 2	3 × 3 × 2	4 × 4 × 2	5 × 5 × 2

４年・５年・６年の「関数」の学習では、商が一定の関係すなわち比例関係（y = a × x）を中心に学習内容をスパイラルに深めていく。本問においては小学校ではほとんど扱わない２次関数（y = a × x × x）の関係を畳を素材として調べていく。まず、正方形の一辺にあたる畳（長方形）の長い辺の長さを１とすることを約束する。この学習で大切なことは、伴って変わる２量の関係を、上記のように図に表現したり表に整理したりすることである。特に、表を横に見ていくと畳の数は６→10→14→18と４ずつ増えていくことが見つけられるとうれしい。さらに、縦に見ていく。畳の数を畳の長い辺でわると１→４→９→16の方向にみていくと、自然数の平方数になっている。ここから関係式に表すことはかなり難しいので「１段目の数（畳の長い辺）を使った式に変身させることはできませんか。」と発問を用意しておくことが望まれる。表に１×１×２と記載できるように３段ある表を準備しておきたい。ここでは「算数グッズ」の「関数表・統計表」が役に立つと思う。さらに、「畳の長い辺が２倍・３倍……と変化すると、畳の数はどのように変化しますか。」と聞いておく。２次関数については６年の「円の面積」や「縮図・拡大図」で半径や辺の長さが２倍・３倍……となるとき面積は４倍・９倍……になることを経験している。比例とは違った関係であると図や表や式に表現する過程で気付いてくれれば大成功である。

畳の数（解答）

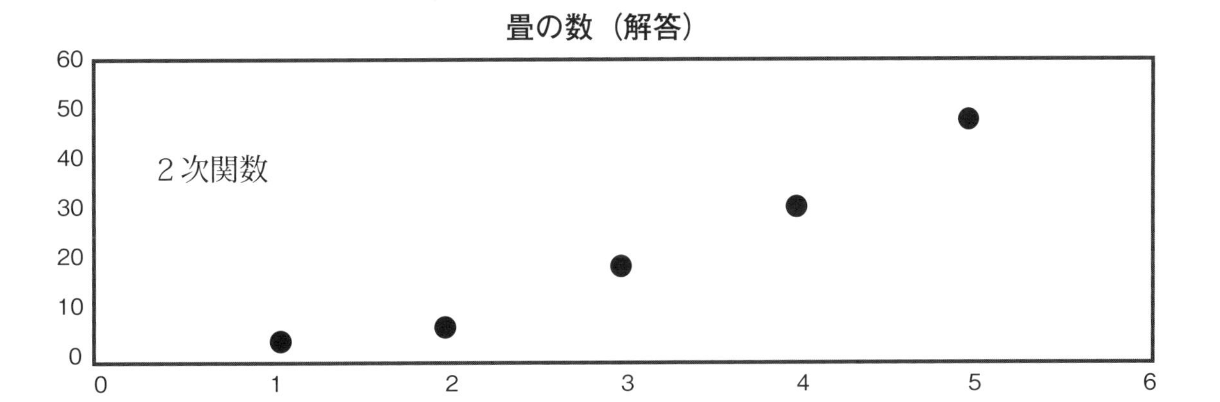

年　　組　　名前（　　　　　　　　　　　　）

14 変化と数量関係 正方形は全部で何個

下の図形の中には、いろいろな大きさの正方形が隠れています。正方形は全部でいくつあるでしょうか。４段ができたら５段・６段のときも調べてみましょう。

４段

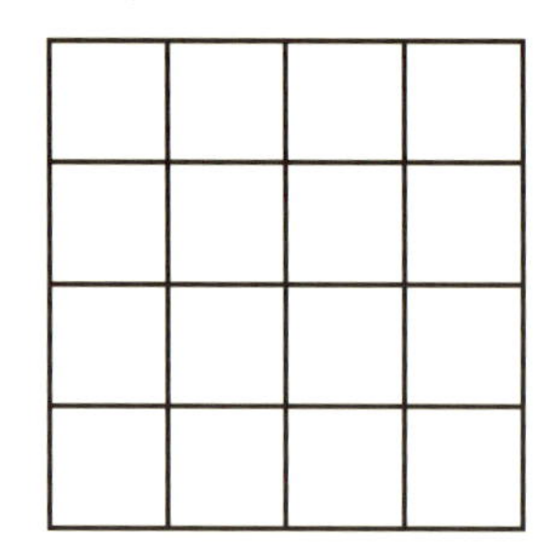

５段

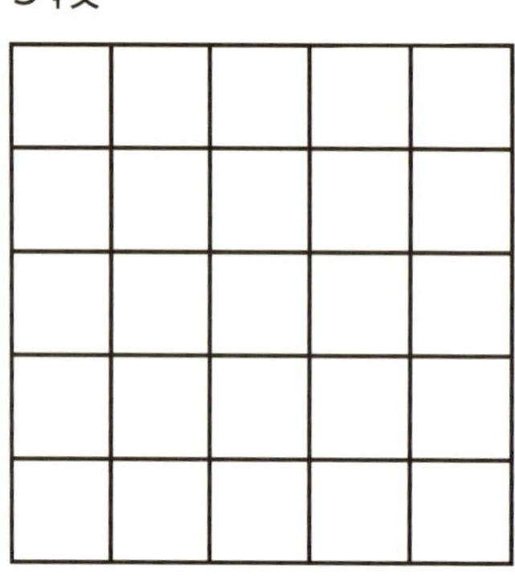

６段

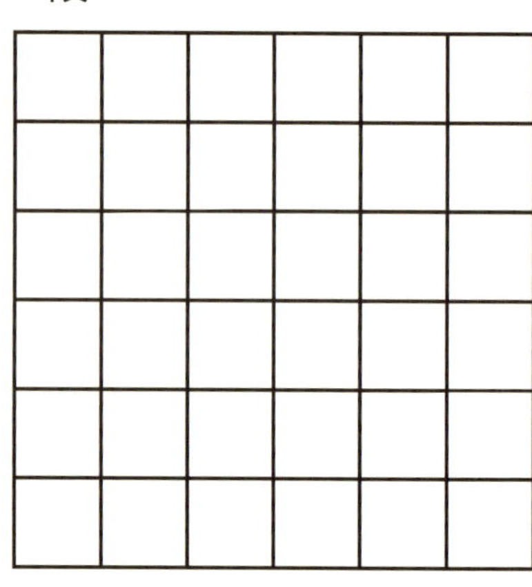

４段の正方形の一辺の長さと個数の関係

一辺の長さ	1	2	3	4		
正方形の数	16	9	4	1		
関係式	4 × 4	3 × 3	2 × 2	1 × 1		

正方形の段の数と正方形の全部の個数の関係

段の数	1							
正方形の数	1	1	1	1	1	1		
関係式	1	1 ＋ 4						

解答と解説

解答：

４段の正方形の一辺の長さと個数の関係

一辺の長さ	1	2	3	4	合計
正方形の数	16	9	4	1	30
関係式	4 × 4	3 × 3	2 × 2	1 × 1	

４年・５年・６年の「関数」の学習では、商が一定の関係すなわち比例関係（y = a × x）を中心に学習内容をスパイラルに深めていく。本問においては小学校では全く扱わない階差数列の和Σ（k × k）＝ f（n），(k ＝ 1 ：n）の関係を正方形の数を素材として、その総和を調べていく。まず、２量の関係がどのように変化するか関数表に整理してほしい。問題にはないのだが１段の場合から調べていく。これは単純化の考えといって極めて大切なことである。きまりを見つけるためにはスタートのデータが必要である。正方形の一辺の長さは１で総数も１個である。次に２項の場合を考える。図に表すと漢字の「田」の字であるから一辺の長さが１の正方形は４個、長さが２の正方形は１個である。ここではぜひとも式で２項：（１＋４）と表しておきたい。１項:（１×１）＝１、２項:（１×１＋２×２）＝５と表すことができればなおよい。同様に考えを進めていくと、３項：（１×１＋２×２＋３×３）＝14、４項：（１×１＋２×２＋３×３＋４×４）＝30、５項：（１×１＋２×２＋３×３＋４×４＋５×５）＝55、６項:（１×１＋２×２＋３×３＋４×４＋５×５＋６×６）＝91となる。１項増えると、長さが１の正方形の数ずつ増えていく。ここでも、本フォルダ「奇偶算」に登場してきた1・4・9・16・25……などの平方数が登場してくる。これらの数をしっかり覚えておくとともに、数の変化の様子にも着目しながら、数に対する豊かな感覚を育てていきたい。

正方形の段の数と正方形の全部の個数の関係

段の数	1	2	3	4	5	6	k
正方形の数	1	5	14	30	55	91	n (n + 1) (2n + 1) /6
関係式	1	1 + 4	1 + 4 + 9	1 + 4 + 9 + 16	1 + 4 + 9 + 16 + 25	1+4+9+16+25+36	Σ (k × k)

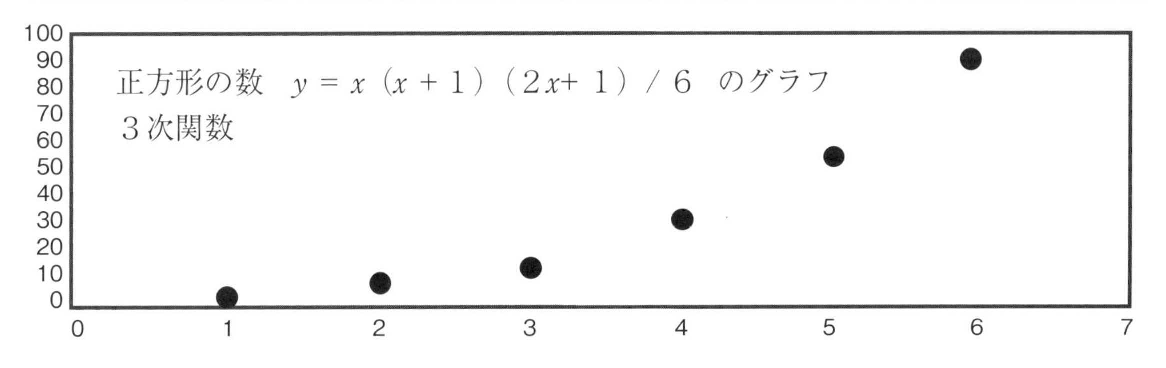

年　　組　　名前（　　　　　　　　　　　　　　）

量・図形

15 正方形をつくる

方眼紙の交点を頂点にして面積が、2㎠，4㎠，5㎠，8㎠，9㎠，10㎠，13㎠，16㎠，17㎠，18㎠になる正方形をかきましょう。

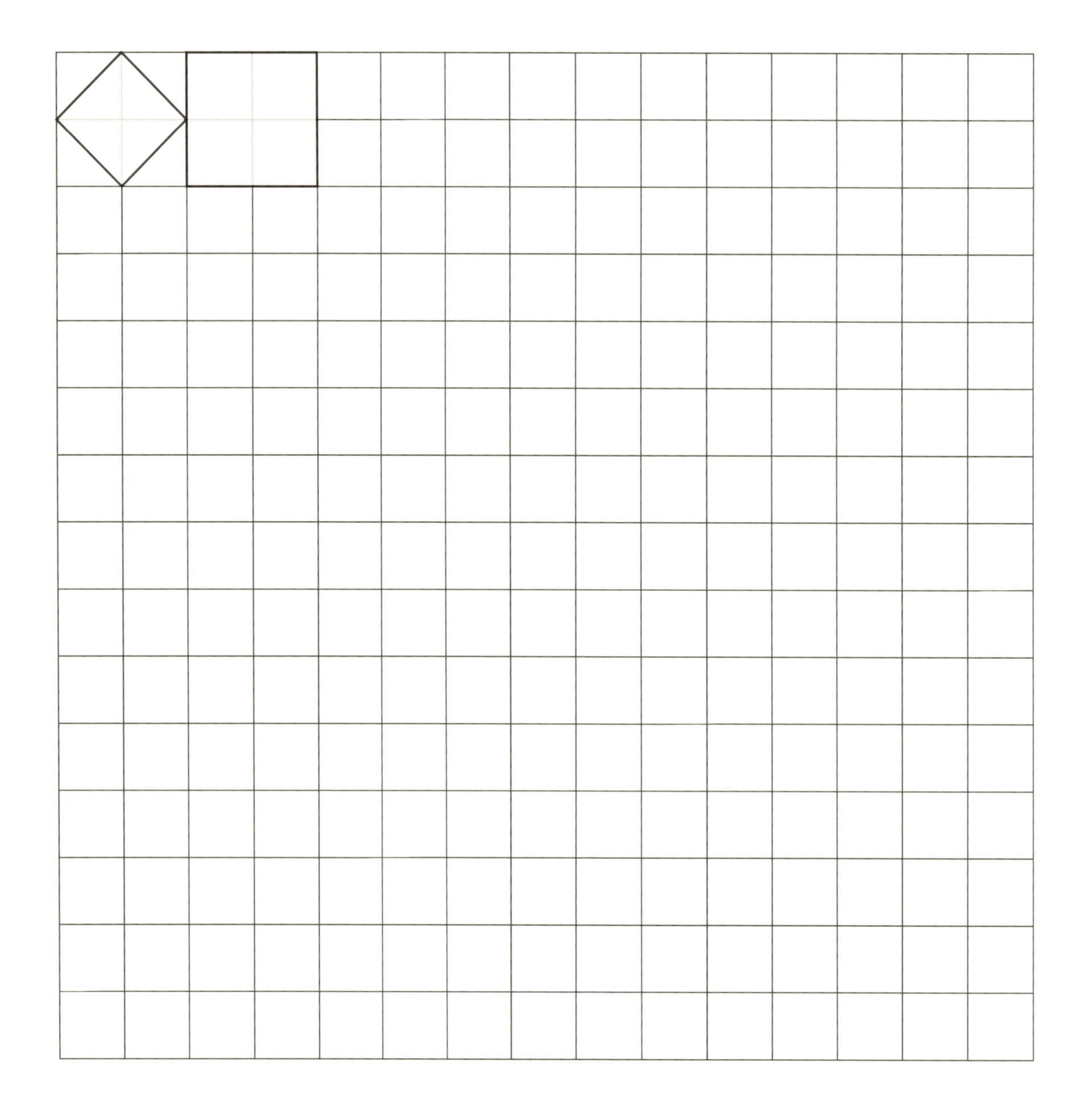

解答と解説

解答：

（以下の通り）

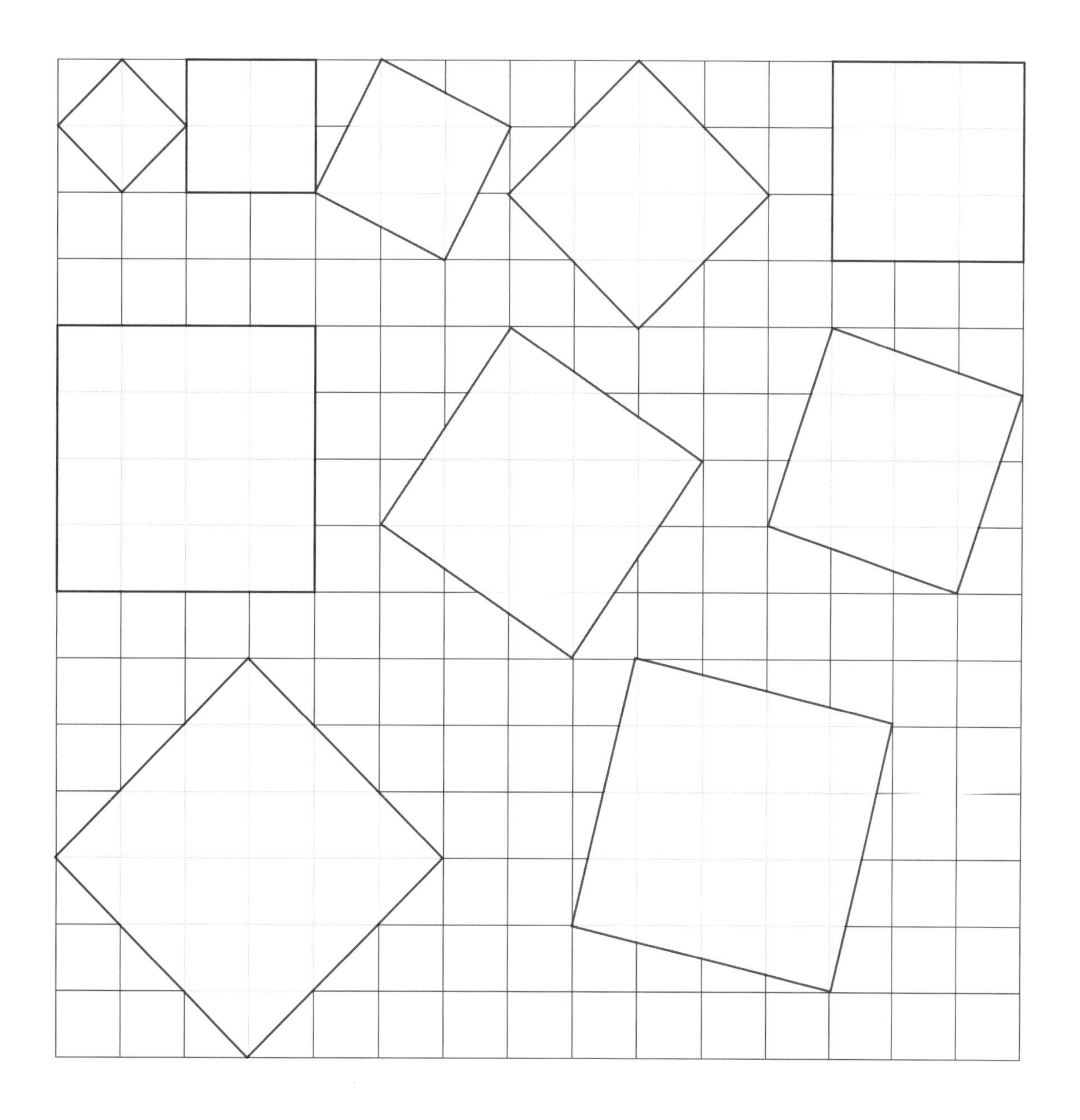

４年・５年の「面積」の学習ではしばしば方眼を用いて、１㎠のいくつ分として多角形や不整形の図形の面積を直接測定してきた。ただし、それは四角形や三角形が安定した位置で長い辺が方眼と重なっている場面であった。本問においては方眼を用いてさまざまな面積の正方形を作図していくが、正方形の一辺は直角三角形の斜辺の部分を用いないとつくれない正方形が出てくる。このアイディアによってさまざまな面積の正方形の作図が可能になっていく。これまでは単位正方形の面積を１とみてそのいくつ分と測定してきた。しかし、４年では面積が１より小さい図形の面積はしっかりと約束できていないので、２枚で一辺の長さが１cmの正方形になる合同な図形２枚は1㎠であることを最初に約束しておく。次に正方形の求積公式を用いて、{４，９，16, 25}の正方形をつくることは容易である。他の一辺を２回かけて{５，８，10, 13, 17, 18}になる整数ではない長さ（数）があり、正方形がつくれることを共通理解しておく必要がある。いろいろな長方形を対角線で分割すると合同な２つの直角三角形ができる。この図形の面積は長方形の半分にあたり、長方形の面積は直角三角形の面積の２倍と考えて学習を進めていかなければならない。これらの学習は中学３年の「ピタゴラス（三平方）の定理」や「無理数」の素地的理解になると考える。付録として、直角三角形の３辺の比（三平方の定理）を調べておいたのでご活用いただきたい。

ワンポイント

直角三角形（対辺・隣辺・斜辺）の関係……３平方の定理）

	1	2	3	4	5	6	7	8	9
1	1.414	2.236	3.162	4.123	5.099	6.083	7.071	8.062	9.055
2	2.236	2.828	3.606	4.472	5.385	6.325	7.280	8.246	9.220
3	3.162	3.606	4.243	5.000	5.831	6.708	7.616	8.544	9.487
4	4.123	4.472	5.000	5.657	6.403	7.211	8.062	8.944	9.849
5	5.099	5.385	5.831	6.403	7.071	7.810	8.602	9.434	10.296
6	6.083	6.325	6.708	7.211	7.810	8.485	9.220	10.000	10.817
7	7.071	7.280	7.616	8.062	8.602	9.220	9.899	10.630	11.402
8	8.062	8.246	8.544	8.944	9.434	10.000	10.630	11.314	12.042
9	9.055	9.220	9.487	9.849	10.296	10.817	11.402	12.042	12.728

方眼にかける正方形　一辺（直角三角形の斜辺）の長さ

下表のほかに平方数１・４・９・16・25・36・49・64・81も作図できる

	1	2	3	4	5	6	7	8	9
1	2	5	10	17	26	37	50	65	82
2	5	8	13	20	29	40	53	68	85
3	10	13	18	25	34	45	58	73	90
4	17	20	25	32	41	52	65	80	97
5	26	29	34	41	50	61	74	89	106
6	37	40	45	52	61	72	85	100	117
7	50	53	58	65	74	85	98	113	130
8	65	68	73	80	89	100	113	128	145
9	82	85	90	97	106	117	130	145	162

年　　組　　名前（　　　　　　　　　　　　　）

変化と関係

16 赤玉と白玉は

1年生が玉入れをしました。白組のかごから1個赤組のかごへ玉を移すと同じ数になります。逆に、赤から1個白へ移すと白は赤の2倍になります。それぞれのかごには玉がいくつ入っていたのでしょう。関数表で考えてみましょう。

入った玉の数とそれぞれの差と商

赤組の数	1	2	3	4	5	6	7	8	
白組の数	3	4	5	6	7	8	9	10	
白－赤（差）	2								
白÷赤（商）									

解答と解説

解答：

　赤組５個　白組７個

　本問は鶴亀算や和差算や流水算と同様に中学２年「２元１次連立方程式」の構造をもっている。W − 1 = R + 1、(R − 1) × 2 = W + 1と立式しRかWのどちらかを消去すれば容易に解が得られる。しかしながら小学校では具体的な場面を把握し、論理的に思考を進めていくことによって数に対する豊かな感覚を育てていきたい。まず、ブロックなどの半具体物を机に並べて「赤と白ではどちらが勝っているのでしょう。」と発問し、白の方が赤より多いことを確認する。次に１つ目の条件から、白と赤の差は２であることを数値化していく。すなわち次のように、赤と白の組(1, 3)(2, 4)(3, 5)(4, 6)(5, 7)……と記録してから順に２つ目の条件に当てはめていく。赤から白へ１個移すと、(0, 4)(1, 5)(2, 6)(3, 7)(4, 8)……５つ目の組で２倍という条件を満たす組を見つけることができる。発展問題としては、２個移したときを考えさせればよい。白から赤へ(1, 5)(2, 6)(3, 7)(4, 8)(5, 9)……同様に赤から白へ２個移すと(− 1, 7)(0, 8)(1, 9)(2, 10)(3, 11)(4, 12)(5, 13)(6, 14)(7, 15)(8, 16)……と少し歯応えのある問題に発展する。さらに３個移した場合はどうだろうか。１個のとき(4, 8)、２個のとき(8,16)ときているから、(12, 24)と容易に予想できる。後は確かに条件にあてはまるか吟味するだけでよい。

　ここで、２量の関係を調べていくのだが、素材が玉入れの玉なので分離量である。しかも解は１位数どうしである。折れ線グラフのように点と点を結ばなくてもよいが２つの量が本問の解のところで重なっていることにはふれておきたい。なぜならば２元１次連立方程式は２本の１次関数の交点としても求められることを学習するからである。中学では負の数が拡張され、第２象現から第４象現までが加わり完全な関数グラフになる。

赤玉と白玉が入った数の関係

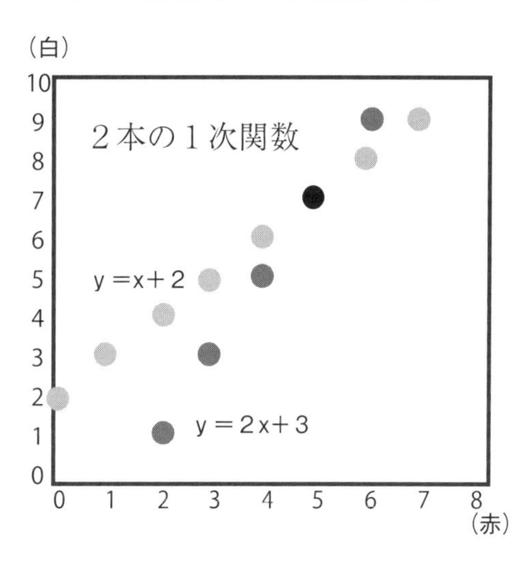

年　　組　　名前（　　　　　　　　　　　　）

資料の活用

船長さんは誰

ある船は６人ファミリーでクルージングをしています。船長・船医・機関士・通信士・調理士・航海士は　ⓐ・ⓘ・ⓤ・ⓔ・ⓞ・ⓚ　の誰でしょう。

条件①　ⓐ　は、航海士の夫で機関士の兄です。
条件②　ⓘ　は、妻と兄と弟がいます。
条件③　ⓤ　は、未成年で兄が２人います。
条件④　ⓔ　は、機関士の妻です。
条件⑤　ⓞ　は、通信士の姉です。
条件⑥　ⓚ　は、最高齢で２人姉妹の父です。
条件⑦　クルーは６人ですが、その中に３人兄弟が１組います。
条件⑧　２人姉妹は１組います。
条件⑨　夫婦は２組います。
条件⑩　親子は２組います。
条件⑪　ⓐ、ⓘ、ⓤ　は、船医ではありません。

船長：　　船医：　　機関士：　　通信士：　　調理士：　　航海士：

	あ	い	う	え	お	か
船長						
船医						
機関士						
通信士						
調理士						
航海士						

解答と解説

解答：

船長：㋐　船医：㋕　機関士：㋑　通信士：㋓　調理士：㋒　航海士：㋔

本問は４年「２次元表」の学習と関連している。複雑な日常の事象を整理するとき表は極めて有効である。しかし、自分から進んで表を用いていこうとすることが少ない。そこでその有用性をしっかりと味わえる活動が大切である。まず解決方法を見通したのち、11の条件を整理するにはどんなツールが有効か算数の学習から想起させる。けがの種類や場所を表に整理した経験を手掛かりにする。表の活用に対して意欲が高まった時点で、表を提示する。表に整理する段階では○×を縦横の項目を見ながら記入していく。ただし男女や年齢などの属性は表の中には記入できないのでそれぞれの児童に工夫させたい。まず、男女の条件から、㋔の列に×が５個並び航海士が㋔であることが確定する。すると航海士の行の空欄にすべて×が埋まっていく。

このような表は､授業時間ノートにのっそり書き写してるいるようでは､とてもじゃないが学習が終わらない。本シートをプリントアウトして手元に置くか、算数グッズの中から先生が予め必要なマトリクスを取り出して教室のどこかに積んで置いてくださると子どもたちは安心して、各々のニーズに基づいて数表を使い始めると思う。

一般にこのような命題について考察し解決していく際は元が６種類あるときには、条件も６種類程度必要となることが多い。１次方程式の元の数と式の関係に似ている。

本問においても条件⑥までの条件でそれぞれの役割を決定することができる。初めて複雑な表が出てくる２年生くらいだと､条件⑪まで与えても構わない。なぜならば、縦のセルと横のセルの交点を読むことが目標であるからだ。6年だと生活の中の具体的場面を表にかきいれたり、逆に読んだりするくらいまで力を付けてもらいたい。とりあえず条件⑥までを提示しておいて⑦～⑪をヒントカードとして用いる方法もある。さらに高度にするならば、一旦、解決を終えた後に「一つ条件をけずるとどんな答えになるでしょう。」という問題に化ける。

年　　組　　名前（　　　　　　　　　　　　　　　　）

数と計算

18 貯金箱の中身

貯金箱を開けたら、①円玉、⑤円玉、⑩円玉、㊿円玉、⑩⓪円玉、⑤⓪⓪円玉、の６種類のコインが合わせて23枚でてきました。金額の合計はちょうど千円でした。また、それぞれの金種のコインの枚数は**６種類すべて違う数でした**。さて、どの金種のコインが何枚ずつ入っていたのでしょう。

コインの枚数と金額の関係

金種	500	100	50	10	5	1	合計
枚数					2	3	5
金額					10	3	13
コイン	⑤⓪⓪	⑩⓪	㊿	⑩	⑤	①	

１円玉の合計金額は５、10、15……にしないと、一の位が０にならないよ。残りの枚数は、あと18枚だね。上の表を直していきましょう。

解答と解説

解答：

⑸⓪⓪：１枚　⑩⓪：２枚　㊿：４枚　⑩：８枚　⑤：３枚　①：５枚

金種	500	100	50	10	5	1	合計
枚数	1	2	4	8	3	5	23
金額	500	200	200	80	15	5	1000
コイン	⑸⓪⓪	⑩⓪	㊿	⑩	⑤	①	

本問は３年「かけ算」の学習と関連している。（３位数）×（１位数）が出てくるが本シートを用いて網掛けのセルに数値を入力すれば、1000までの数範囲なので２年でも学習可能である。さて、解決を始める前に本問の条件を児童とともに整理しておきたい。⑸⓪⓪は１しかあり得ない。次に、場合分けをする必要がある。この考えは「場合の数」の学習で威力を発揮する。⑩⓪＝２、⑩⓪＝３、⑩⓪＝４、①＝5、①＝10、①＝15のいずれかだが、その理由はぜひとも考えさせたい。さらに、①＝10と仮定すると残りの枚数が12となってしまう。２＋３＋４＋５＞12なので枚数をオーバーしてしまう。したがって、①＝５と決定する。そうすると⑤は奇数となる。残っている奇数は⑤＝3、⑤＝7、⑤＝９、⑤＝11……であるが⑤＝７のとき百の位にぴったり繰り上げるには⑩＝６しかない。またもや枚数オーバーとなる。ここで⑤＝３と決定する。そこで、⑩⓪＝２または⑩⓪＝４となるがこのあたりから試行錯誤である。エクセルを使って数値を打ち込んでいくのも楽しい。また、論理的思考力が十分育っていない児童に対しては見つけるのがもっとも難しい⑩＝８や㊿＝４を示しておいても差し支えない。

和算を読んでみたら（福井昭二）
（8）ぬす人の数がわかるよ

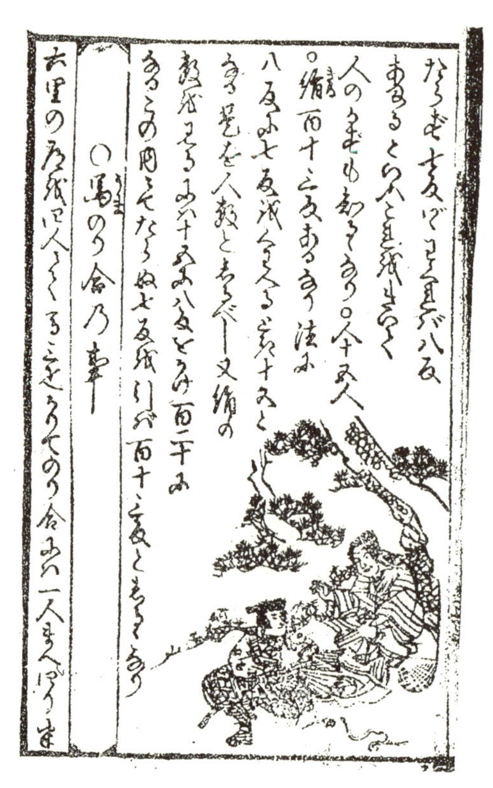

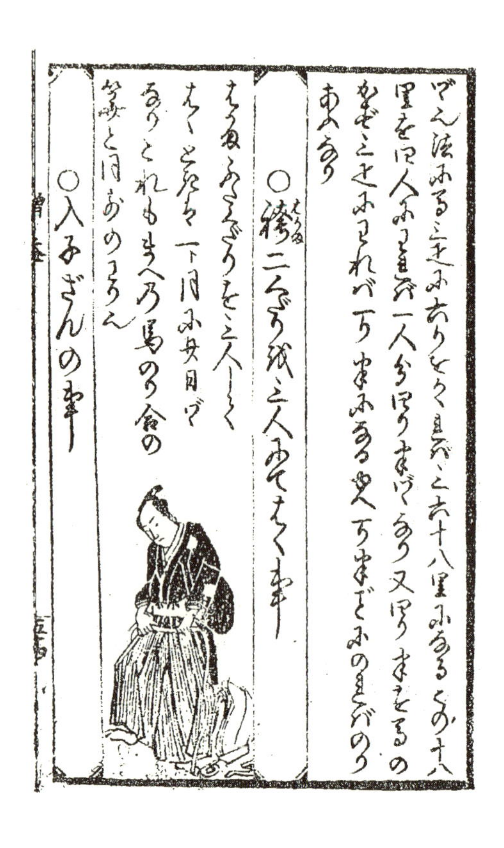

1 絹とぬす人のかずを知る事

ぬす人とらへてきぬをわけてとるをきけば、八たんヅツ取バ七反たらず、七反ヅツわれば八反あまるといふ。これをきいて人のかすも知るるなり。○人十五人○絹百十三反あるなり。法に八反に七反をくわへるとき十五となる。これを人数としるべし。又絹の数を見るに八十五に八反をかけ百二十になる。この内二てたらぬ七反を引バ百十三反としるるなり。

馬のり合の事

六里の道を四人ニて馬三疋かりてのり合に八一人まへ四り半ヅツ也。法に馬三疋に六里をかくれバ三六十八里になる。この十八里を四人にわれバ一人分四里半ヅツなり。又四り半を馬のかず三疋にわれバ一り半になるゆへ、一り半ごとにのれバのりあうなり。

袴二くだり三人にてはく事

はかまふたくだりを三人してはくときは一ト月に廿日ヅツなり。これもまへの馬のり合の算と同前のわり也。

絹とぬす人のかずを知ること

（1） 8×χ−7＝7×χ+8
8反ずつで7反不足　　7反ずつで8反余る
人の数
χ＝ 8+7＝15　　<u>１５人</u>
絹の数
8×15−7＝113　　<u>１１３反</u>

馬のり合の事

（1） 6×3=18
18÷4=4.5　　<u>１人前４里半</u>
4.5÷3=1.5　　<u>１里半ごとに乗る</u>

袴二くだり三人にではく事

（1） 2×60 ＝120　　延べ日数
120÷3 ＝40　　2ケ月に1人が40日
40÷2 ＝20　　<u>1ケ月に1人が20日</u>

『塵劫記』には「三里の道を三人として馬弐疋にのるとおなし事也」としている。

年　　組　　名前（　　　　　　　　　　　　　　　　　　）

数と計算

19 盗人算

盗人の親分と子分が呉服屋さんから盗んできた反物を山積みにしてこんなことを話しています。子分が「一人に７反ずつ配ると８反あまり、一人に８反ずつ配ると７反たりません。」親分は即座に、盗んできた反物の総数と仲間の数がわかりました。面積図に表して求めてみましょう。親分を信頼できない子分が「持って帰ってみんなの前で分けましょうぜ。」と提案しましたが、次の日も同じように反物を分けることになりました。「一人に３反ずつ配ると７反あまり、５反ずつ配ると３反たりません。」これを聞いた親分は突然大声を出すのをがまんして「そんな配り方はない。」と怒り始めました。

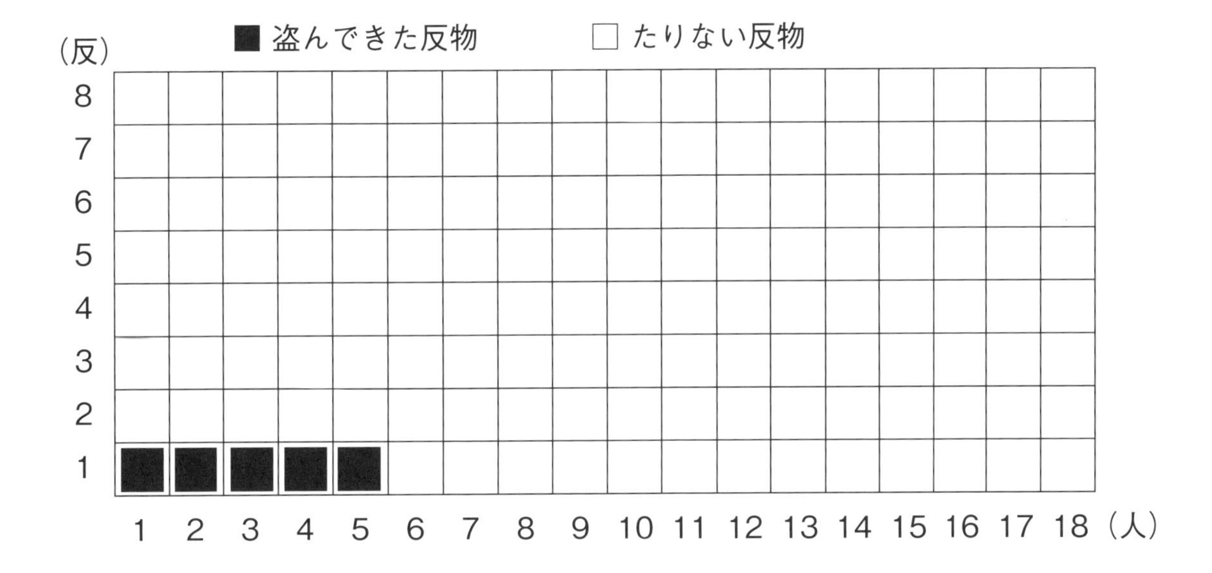

解答と解説

解答：

反物の数：113 反　　仲間の数：15 人

盗人の数と反物の数と関係

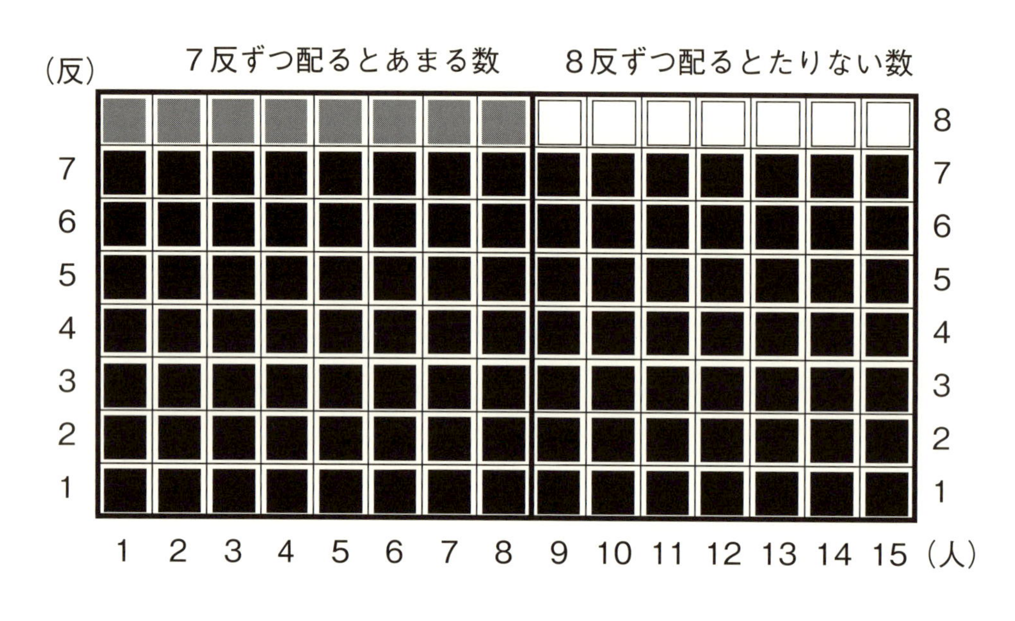

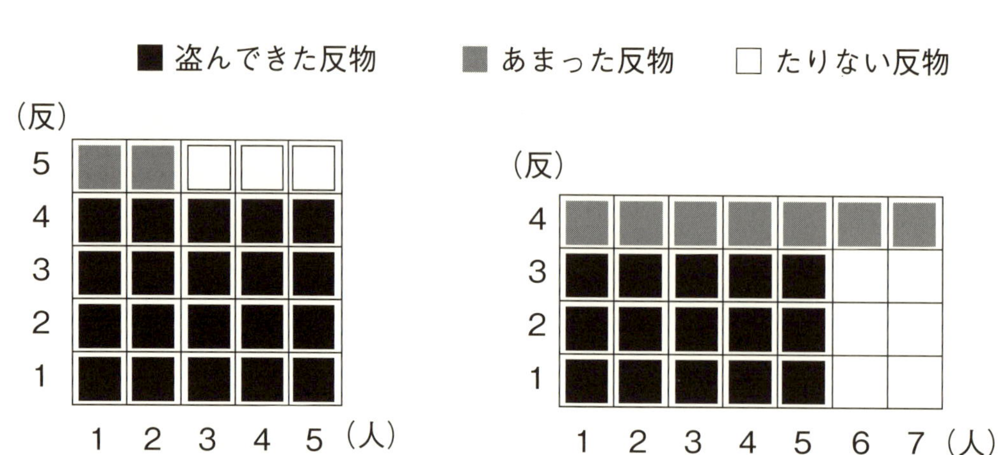

3年から6年の分数の計算では数直線だけではなく面積図がしばしば登場してくる。本問では分離量を整数値の範囲内で等分割していく場面を取り上げている。上記の面積図のように、いちいち盗んできた反物（■）やたりない反物（□）を中に書き入れていってもよいのだが、上の学年に進むにつれ連続量とみて図を活用していきた

い。また、この先長方形の枠を見ただけで乗法が用いられている場面であることを即座に理解してもらいたい。本問は典型的な１元１次方程式である。$7 \times x + 8 = 8 \times x - 7$と立式でき、両辺の$x$の係数が１違いであるから、あまりの数とたりない数の和 15 が盗人チームの総人数となる。そのあとは$7 \times 15 + 8$または$8 \times 15 - 7$で反物の総数は 113 と求められる。盗人の親分は仕事の成果物を分配するときは、除数が１違いの場面の数量の関係を知っておけば、素早く対応できることを経験上身に付けていたのかもしれない。いずれにしても乗数（除数）・被乗数（被除数）が変化していくときは面積図に関係を表していくことがかなり有効であることを体験してもらいたい。６年の「わり算」の場面はほぼ分数値をとる連続量（ペンキ）の等分除である。それに対して５年は小数値をとる連続量（テープ）の等分除である。このように面積を題材とする問題に面積図は適している。ただし数直線も非常に有効活用できるので必要に応じて使い分けて欲しい。

さて、次の日親分はなぜご機嫌が悪くなったのだろう。まず９寸８分（約 37cm）もある反物を 100 以上も大八車に乗せて盗人たちの隠れ家に持ち込んで分配するのは賢い方法ではないことが挙げられる。そして次に、上の図のように２つの面積図を統合できなかったこと。また、わり算の本質的意味であるところの、除数 > あまりの関係（分けきれるところまで配りきること）を子分がないがしろにしたからであろう。

和算を読んでみたら（福井昭二）
（7）ガウスも考えた等差数列の和

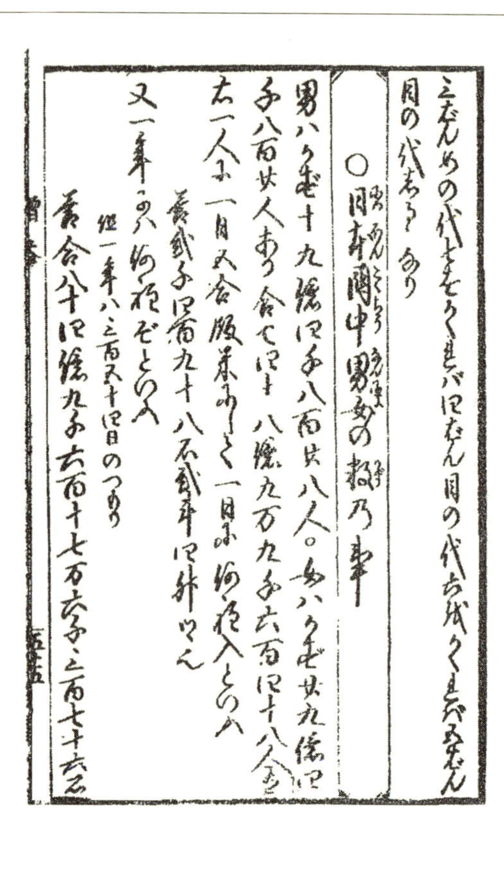

入子ざんの事

五匁四分　六匁三分　七匁二分　八匁一分　頭代九匁

1　五つ入子を銀三十六匁にかひ申スとき、二ばんめハ頭二（ニ）一割下り、三ばんめハ頭二（ニ）二わり下り、四ばんめハ頭二（ニ）三わり下り五ばんめハ頭二（ニ）四わり下りにして、かしらの代銀ハ何ほどといふ。まづ十九七八六合四十あり。これを目安にして惣代銀三十六匁をわるとき、かしら一ッの代九匁としるる也。また頭の代に九をかくれば二ばんめの代しるる也。又八をかくれバ三ばんめの代、七をかくれバ四ばんめの代、六をかくれバ五ばんめの代しるる也。

日本国中男女の数の事

1　男ハかず十九億（?九万）四千八百廿八人。女ハかず廿九億四千八百廿人あり。合て四十八億九万九千六百四十八人有。右一人に一日五合飯米にして一日に何程入といふ。

答　弐千四百（?万）九十八石弐斗四升ツツ也

又一年にハ何程ぞといふ。

但　一年ハ三百五十四日のつもり

答　合八十四億九千六百十七万六千三百七十六石九斗六升なり

入子ざんの事

（1）10+9+8+7+6=40
36÷40×10=9　頭の分
9×0.9=8.1　1割さがり
9×0.8=7.2　2割さがり
9×0.7=6.3　3割さがり
9×0.6=5.4　4割さがり

本文に「二ばんめは頭二一割さがり、三ばんめは頭二二割さがり…」とあるが、これは「頭ニ一割」「頭ニ二割」の写し誤りと思われる。
『塵劫記』には七つ入子，八つ入子の例題がある。

日本国中男女の数の事

（1）人数　19,0009,4828
+29,0000,4820
48,0009,9648（人）

飯米　5（合）×48,0009,9648
=24,0004,9824（合）
1日分　2400万98石2斗4升
24,0004,9824（合）×354
=8496,1763,7696（合）
1年分　84,9617,6376.96（石）

この人数はどこから出てきたのだろうか。大勢だということか。

年　　組　　名前（　　　　　　　　　　　　　　　　）

数と計算

20 入れ子算

なべが７つあり、全部のなべが１番大きい７番目のなべに順々にすっぽりと収まるようにできています。これらの７つのなべを全部、一度に買うと**9800 円**します。それぞれのなべの値段は**250 円**ずつ違います。１番小さいなべと１番大きいなべの値段はいくらだったでしょう。

1番小さいなべ　［　　　　　］　**円**

1番大きいなべ　［　　　　　］　**円**

解答と解説

解答：

1番小さい鍋　｛9800 − 250 ×（1 + 2 + 3 + 4 + 5 + 6）｝÷ 7 = 650円

1番大きい鍋　｛9800 + 250 ×（1 + 2 + 3 + 4 + 5 + 6）｝÷ 7 = 2150円

本問は4年「計算のきまり・計算の順序」の学習と関連している。演算決定したり数量の関係を表現したりするツールとして、「算数グッズ」のアレイ図･モデル図･テープ図・線分図・数直線・面積図などが多様に活用できる。上記の解答を見ればわかるように本問は四則混合計算である。このように複雑に入り組んだ関係のときには、線分図・テープ図が柔軟に対応できてもっとも有効だと考える。子どもが本問を解決する際、特に解決が困難と感じる部分は（1 + 2 + 3 + 4 + 5 + 6）のくだりである。先生方ももちろん「関係を図にかいてみましょう。」と机間指導の際、発問なさると予想するがそれだけで描ける子どもはそれほどいないと予想される。「1番小さい鍋と2番目の鍋の違いを図にしてみましょう。」と鉛筆の止まっている子どもに指示してみてはどうであろうか。さらに、650円と答えが出た後、この250円の階段を逆さまにしてはめ込んでみると7番目の1番大きい鍋まで一気に求められる。これは天才数学者ガウスが考え出したアイディアである。これにより、再度テープ図のよさを味わうことができる。また、4年で子どもたちは学習している内容だが、四則混合計算においては最後は必ず総合式に組み立てておいてもらいたい。そうすれば、式で表す力・式を読む力がより一層伸びていくと考える。

それぞれの鍋と値段の関係

650 | 250
650 | 250 250
650 | 250 250 250
650 | 250 250 250 250
650 | 250 250 250 250 250
650 | 250 250 250 250 250 250

1番小さい鍋の値段を求める面積図

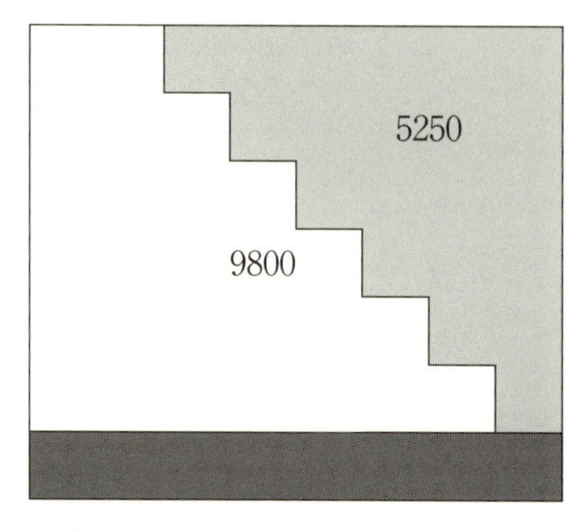

1番大きい鍋の値段を求める面積図

和算の本を読んでみたら（福井昭二）
（5）どちらのマスで量りましょうか

酒1升などといっているが、1升とはどうして決めた量なのだろうか。一升枡については塵劫記に次のような表現がある。

『当代の1升は、ひろさ4寸9分四方、深さ2寸7分』……A（京枡）

ずいぶん半端な寸法を単位としたものと不思議に思って、さらに読むと、次のような説明もあった。

『むかしますの法　1升ひろさ5寸四方也、ふかさ2寸5分』……B（古枡、江戸枡）

これであれば、縦・横。深さいずれも5寸の立方体を半分にしたもので、形も寸法もなるほどと納得できる。液量をはかる扱い易さからも枡として適当であり、作るにも楽である。江戸時代のはじめは、地方によりこの両方の枡のいずれかが使われていたようであるが、寛文9年（1669年4代将軍家綱の頃）全国すべてを前者に統一したという。

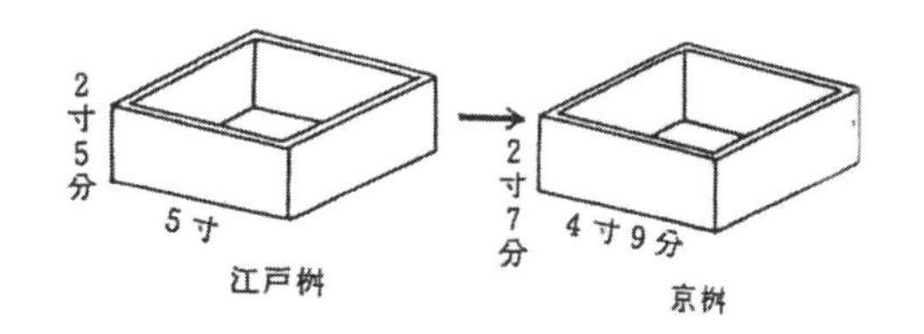

わかりやすい5寸四方深さ2寸5分の方に統一しなかったのはなぜであろうか。誰がそのことによって利益を得て、誰が泣いたのだろう。それについてはこんな話がある。

それぞれの体積を求め、両者の差や割合を調べると次のようである。

Aの枡　4.9×4.9×2.7＝64．827（立法寸）　＊1立法寸は約27㎤

Bの枡（古枡）5.0×5.0×2.5＝62．500（立法寸）

A－B＝64.827－62.500＝2．327（立法寸）

A÷B＝64.827÷62.500＝1．037

これにより、古い枡に比べ統一した方のAの枡の方が約2．3立法寸(約62㎤)、割合にして約3．7％余計に入ることがわかる。つまり、年貢に際し支配者側は同じ何升といっても今までよりも余分の収入となり、農民の方は余計に納めなければならないことになる。

寸法を変えたことについて「たてとよこを1分ずつ合せて2分へらしたかわりに、その分を深さを2分増したのだから大きさは変わらない」と妙な理屈で言いくるめていたという話が伝わっている。永さと体積の関係などについて一般の人がよく知らないことに付け込んだわけである。

別の説では、古枡（A）を枡（B）に改めたのは秀吉の命令だともいわれている。

さて、長さをもとに体積を言うには「1坪」という言い方をしている。名称は面積の単位と混同しそうだが、縦・横・高さがすべて1尺（約30㎝）の立方体の体積を1坪としている。ところで、和算の本では『枡の法64827』ということがときどき出てくる。これは、1升枡の容量を立法寸で表わせば立法寸（64827立法分）と表わされていることによる。換算の目安として用いられる数である。例えば次のような問題がある。計算の中の64827（立法分）が枡の法である。

高さ1尺8寸9分、長さ4尺9寸、横1尺4寸5分の右の入れ物に何ほど入るか。

この答えは　1尺4寸5分×4尺9寸×1尺8寸9分＝1342845（立法分）

1342845(立法分)÷64827(立法分)＝20.7‥(升) →約2石1斗

なお、1升が約1．8ℓは一升枡（京枡）の容積を㎝の単位で測って計算すれば得られる。

4.9×4.9×2.7を、㎝の単位にして計算して　14.7×14.7×8.1=1750.329(立法センチメートル)→約1.8ℓとなる。

江戸枡で計算すると 16975㎤となるので、1升酒を飲む人は枡の統一で得をしたのかもしれない。

年　　組　　名前（　　　　　　　　　　　　　　　）

図形・測定

21 年貢算

江戸時代のことです。当時は税のことを年貢といって、農民はお米で納めていました。1669年徳川幕府から全国の農民にこんなおふれがきがでました。「これまで使っていたますは地方によってまちまちであったので、この度、全国同じ大きさのますに統一する。1升（1.8L）ますの大きさはたて4寸9分、横4寸9分、深さ2寸7分とする。この地方でこれまで使っていたますの大きさは、たて5寸、横5寸、深さ2寸5分だった。たて・横に1分ずつ減り、深さが2分増えただけであるから、総量に変わりはない。」とのことでした。はたしてこのおふれがきは本当でしょうか。日本で古くから使われている尺貫法という単位の集まりがあります。1寸（約3cm）は長さの単位で10分にあたります。古いますの容積を1としたときの新しいますの容積の割合を求めましょう。

直方体の体積　＝たて × 横 × 高さ

古いますの容積　＝□×□×□＝□立方寸

新しいますの容積　＝□×□×□＝□立方寸

今度から、ますのかたちが変わるそうね。
なんだか前よりたくさんはいるようになった気がする。

水を入れて、移し変えてみようよ。

解答と解説

解答：

古います　5 × 5 × 2.5 = 6.25

新しいます　4.9 × 4.9 × 2.7 = 6.4827　　約 1.037232

本問は和算の古文書に記されている史実である。現代ならば直方体の体積の求積は５年の学習内容である。当時はかさの単位はあったものの一般の農民が小数を用いて間接測定するだけの算数教育は行われていなかった。まして、１立方寸（１辺の長さが１寸の立方体の体積）という体積の単位に目が向くわけがないので、おふれがきにやすやすとだまされてしまったそうである。ところが当時の科学者であった和算家たちはこのトリックに気付いたようだ。まず、一辺の長さが一寸の立方体の体積を任意単位として、割合を計算してみると約 3.7% の値上げということになる。現代社会における消費税の値上げもこの程度である。（農民……国民）が値上げに耐えうる最大値なのかもしれない。平面図形においては、周の長さが一定のとき円に近づくほど面積は大きくなる。立体図形についても同様で表面積が一定のとき正多面体や球に近づくほど体積は大きくなる。本問の場合深さを増やすほど立方体に近づくので視覚的にもだましやすい極めて巧妙な計略といえる。さらに、４年の面積・５年の体積の学習の後、1㎡ =100㎠・１㎥ =100㎤と勘違いしている児童は結構多い。本問を機に面積は長さの２乗に、体積は長さの３乗に比例することを再確認しておきたい。学習のためのホールなどがあれば、実際に 1㎡の一辺だけ並べてみて１㎠が 100 個並ぶこと、また、結構時間がかかることなどたいへんさを経験しておくとよい。体積の求積公式は　たて→横→高さ　の順になっているが、将来の空間座標 (x, y, z) 表示を見越して、横→たて→高さ　の順に定義し直しておいた方がよいのかもしれない。日本で古くから用いられてきた尺貫法というローカル単位はメートル法と比べてほとんど遜色のない使いやすい単位である。国語では民話の中で、一寸法師や百貫目の金棒が登場してくる。音楽では尺八（一尺八寸）などが必ず出てくる。ほぼすべての単位の関係が十進構造になっているので覚えやすく、量感も身に付きやすい。それに比べてヤードやポンドなどが公式単位として使われているスポーツはたいへんわかりにくい。

年　　組　　名前（　　　　　　　　　　　　　　　　）

変化と関係

百鶏算（ひゃくけいさん）

農家のおじさんがにわとりを買ってきました。おんどりは１羽３文、めんどりは１羽５文、ひよこは３羽１文したそうです。また、全部で 100 羽を 100 文で買いました。それぞれ何羽ずつ買ったのでしょう。

にわとりの数と代金の関係

	おんどり	めんどり	ひよこ	合計	
値段（文）	3	5	0.33333	—	
買った数（羽）					← 100
代金（文）					← 100

解答と解説

解答：

おんどり，めんどり，ひよこ＝（4，12，84），（11，8，81），（18，4，78），（25，0，75）

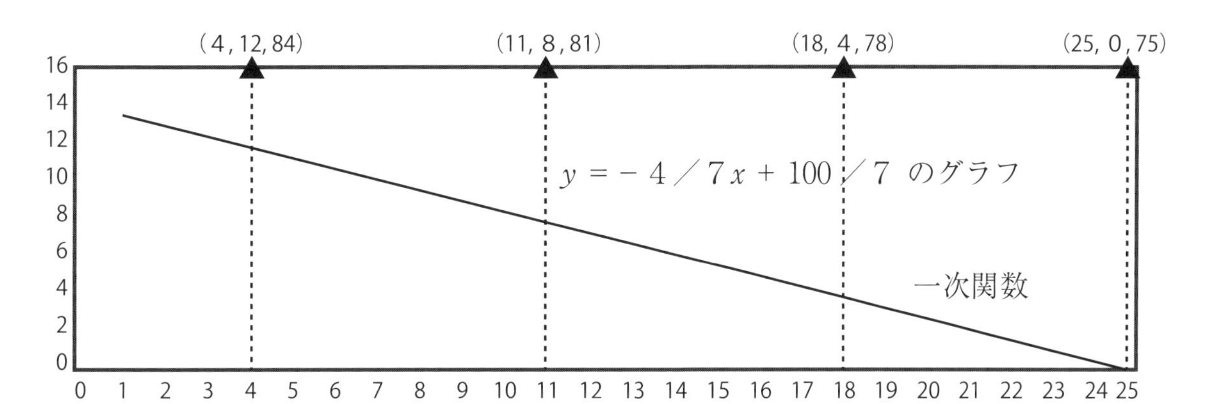

本問は６年「比例」の学習と関連している。問題を分析してみると未知数が３個ある３元１次連立方程式のように見えるが、条件式が２本しか立てられない。未知数を１個消去すると２変量の関係式が残る。これに加えて活用できそうなのが、にわとりの整数条件とその変域である。おんどり、めんどり、ひよこをそれぞれ、O，M，Hとすると O＜33、M＜20、H＝３×n　３の倍数である。まず、OHC などで情景や問題場面題意を把握しておきたい。ここでの方程式・関係式は中学の内容なので児童とともに立式していく。　O＋M＋H＝100　３×○＋５×M＋１×（H÷３）＝100　Hを消去すると　４×○＋７×M=100　そのあと、ひよこの整数条件に着目して、99・96・93・90・87・84……と表に入れて調べる方法もあるが、もっとも単価の大きいめんどりから場合分けして、調べていくのが妥当であろう。試行錯誤しながら整数解を見つけ出すときは、前記のような表を活用していただきたい。鶴亀算の要領でめんどりが０羽のとき、おんどりは25羽で一つ目の解がみつかる。また、最後に導いた関係式の整数条件から、めんどりは４の倍数であることをヒントとして与えても構わない。そうすれば､めんどりが（４・８……）の場合を調べていくことができる。めでたく解が見つけられたら上記の式に解を入れて関係を確かめるのは大切なことである。もし、時間にゆとりがあれば、正確な関数グラフを描画して整数値を見つけていくのも一つの方法と考えられる。上に示したグラフは x 軸におんどりの数、y 軸にめんどりの数をとっている。x と y がともに整数値をとるのは、右下がりの１次関数と▲印の真下の交点との４箇所しかないことがわかる。

年　　組　名前（　　　　　　　　　　　　　　　　　）

変化と関係

23 蛸鶴亀算（たこつるかめ）

まな板の上にタコが置いてあります。調理場から裏庭を見るとカメとツルが遊んでいます。板前さんが数えたら合わせて24匹、足の数は102本でした。タコ、カメ、ツルはそれぞれ何匹いますか。タコの足は8本、カメの足は4本、ツルの足は2本です。

タコとカメとツルの頭の数と足の数の関係

頭の合計	タコ	カメ	ツル	足の合計	結果
24	6	9	9	102	○

解答と解説

解答：

タコ，カメ，ツル＝（2，21，1），（3，18，3），（4，15，5），（5，12，7），
（6，9，9），（7，6，11），（8，3，13），（9，0，15）

この問題も百鶏算と同じように、未知数が３個ある３元１次連立方程式のように見えるが、条件式が２本しか立てられない。未知数を１個消去すると２変量の関係式が残る。これに加えて活用できそうなのが、もっとも数の大きい「タコの足の８本」という整数条件とその変域である。$8 \times 0 < 102 < 8 \times 13$　タコが０から12まで変化する関数表をつくってカメとツルの数を調べればよい。そして、鶴亀算の要領でツルとカメの数を求める。タコが２匹のとき、一つ目の解がみつかる。

タコとカメとツルの頭の数と足の数の関係

頭の合計	タコ	カメ	ツル	足の合計	結果
24	1	24	－1	102	負の数は中学で勉強します
24	2	21	1	102	○
24	3	18	3	102	○
24	4	15	5	102	○
24	5	12	7	102	○
24	6	9	9	102	○
24	7	6	11	102	○
24	8	3	13	102	○
24	9	0	15	102	○
24	10	－3	17	102	負の数は中学で勉強します
24	11	－6	19	102	負の数は中学で勉強します
24	12	－9	21	102	負の数は中学で勉強します

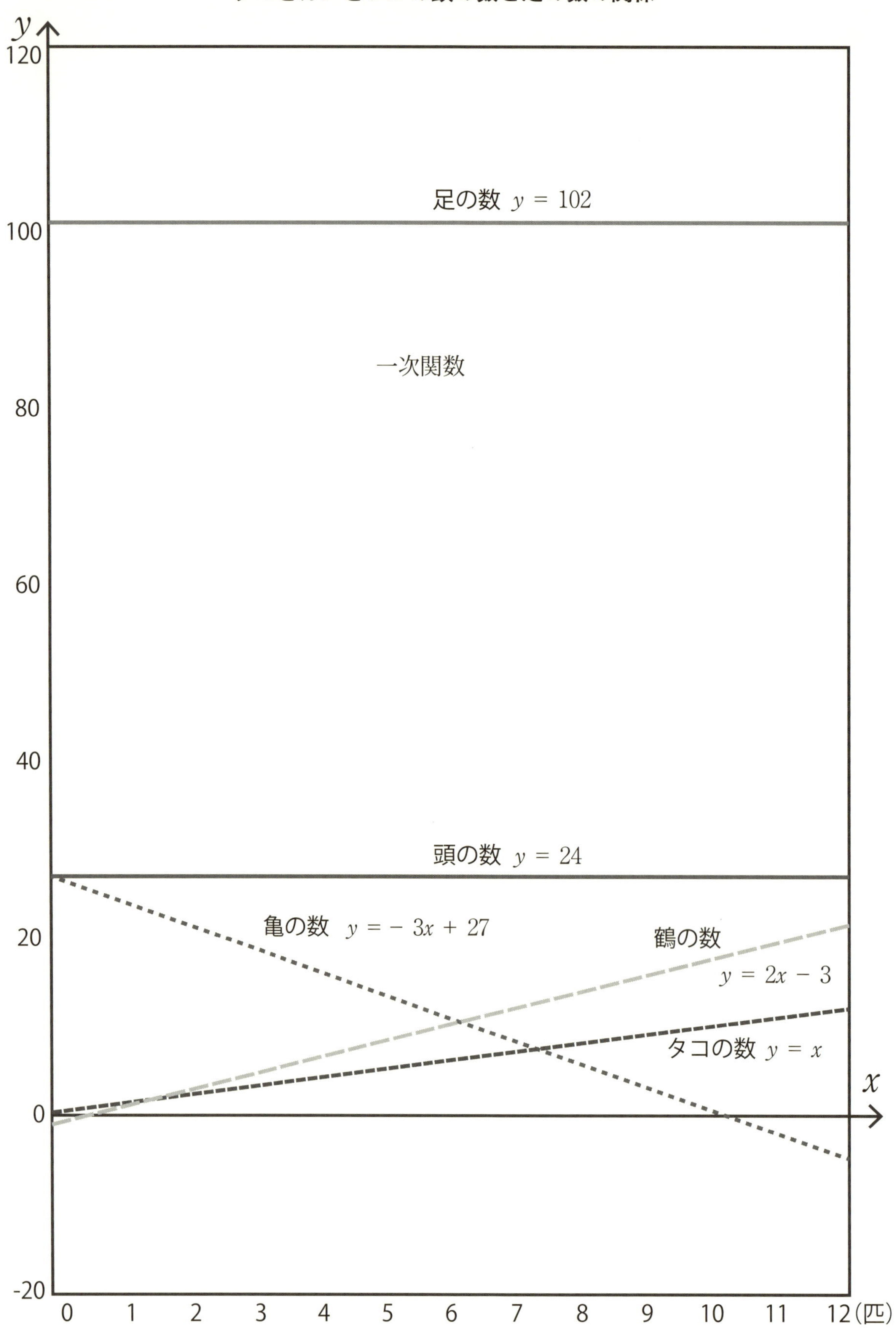
タコとカメとツルの頭の数と足の数の関係
y
120
100
80
60
40
20
0
-20
足の数 y = 102
一次関数
頭の数 y = 24
亀の数 y = − 3x + 27
鶴の数
y = 2x − 3
タコの数 y = x
x
0
1
2
3
4
5
6
7
8
9
10
11
12(匹)

年　　組　　名前（　　　　　　　　　　　　　　　）

数と計算

24 百五減算

質問１　まず２桁の整数を決めて頭の中に思い浮かべてください。

質問２　次にその数を７でわったときのあまりを教えてください。

質問３　それからその数を５でわったときのあまりを教えてください。

質問４　最後にその数を３でわったときのあまりを教えてください。

パソコンが思い浮かべた数を当ててしまいます。

あなたも３つのわり算のあまりから思い浮かべた数を当てることはできませんか？　３と５と７の公倍数と関係がありそうです！　友達どうしで問題を出し合って数のしくみを考えてみましょう。

解答と解説

解答：

105までの整数とそれぞれの3、5、7でわったときのあまりの関係

	÷７あ０	÷７あ１	÷７あ２	÷７あ３	÷７あ４	÷７あ５	÷７あ６	
÷５あ０	0	15	30	45	60	75	90	÷３あ０
	35	50	65	80	95	5	20	÷３あ２
	70	85	100	10	25	40	55	÷３あ１
÷５あ１	21	36	51	66	81	96	6	÷３あ０
	56	71	86	101	11	26	41	÷３あ２
	91	1	16	31	46	61	76	÷３あ１
÷５あ２	42	57	72	87	102	12	27	÷３あ０
	77	92	2	17	32	47	62	÷３あ２
	7	22	37	52	67	82	97	÷３あ１
÷５あ３	63	78	93	3	18	33	48	÷３あ０
	98	8	23	38	53	68	83	÷３あ２
	28	43	58	73	88	103	13	÷３あ１
÷５あ４	84	99	9	24	39	54	69	÷３あ０
	14	29	44	59	74	89	104	÷３あ２
	49	64	79	94	4	19	34	÷３あ１

５年では異分母分数の加減法の計算に入る前に、約数・倍数・奇数・偶数・素数について学習する。本問は、２の剰余類である奇数・偶数から発展して、７の剰余類である曜日や10と12の剰余類である干支について学習した後、「整数の見方」の最終時に扱うと数に対する感覚が豊かになると期待できる。児童が計算で求めたあまりから、パソコンが逆算して元の数を当てるという展開にする。$7 \times 5 \times 3 = 105$のそれぞれの因数（７，５，３）でわると105の剰余類に類別できる。ノートと鉛筆だけで即座に答えを出すのは難しいが、上記の表が手元にあれば即答が可能となる。むしろこの表を作成する過程が重要だと考えられる。本問が冒頭に「２桁の整数を思い浮かべてください。」と数範囲を限定しているのは105以上にまた､同じパターンの数が巡ってくることを最後に扱っておきたい。

「奇偶算」と同じように家庭に戻って家族に出題するよう促すと保護者の関心も高まっていく。計算のみが算数・数学の中心だと思い込んでいる保護者を啓発することは極めて重要なことである。他のクイズもどんどん持ち帰らせ、保護者が本気で解答の手伝いをするようになればしめたものである。

年　　組　　名前（　　　　　　　　　　　）

変化と関係

俵杉算

米俵が右の図のようにさんかくの形に積み上げられています。昔から米問屋さんは１段目の俵の数を数えれば俵の総数がすぐにわかったそうです。３段の場合ができたら、１段・２段・４段・５段・６段……と順に調べてみましょう。段の数と俵の数の関係を表や式に表して考えます。

次に数えやすいように俵をおはじきに置き換えてみます。上の３段のさんかくのおはじきを下のさんかくに並べかえるには最低何個動かせばよいのでしょう。３段の場合ができたら、１段・２段・４段・５段・６段……と順に調べてみましょう。

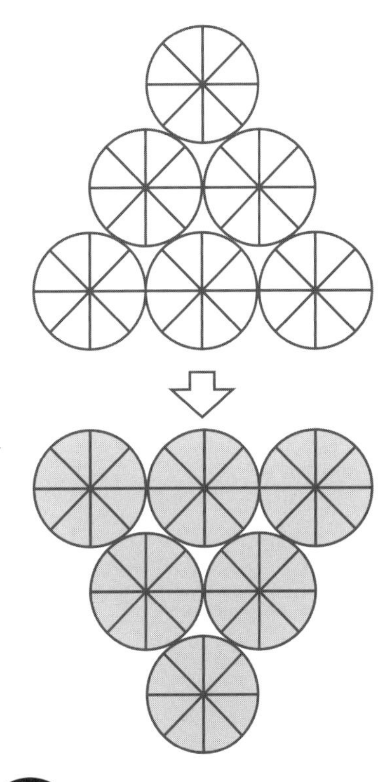

動かさないおはじき

動いていったおはじき

動いてきたおはじき

さんかくの段の数とおはじき（米俵）の数の関係

さんかくの段の数	1	2	3						
おはじきの総数	1	3	0	0	0	0	0	0	
黒い おはじきの数	1	2							
濃灰色の おはじきの数	0	1	0	0	0	0	0	0	

解答と解説

解答：

２個

本問はまず、俵の総数として、公差１の等差数列の和を調べさせている。１・４・９・16……と変化していく。どの数も自然数の平方数になっていてなじみ深い数である。関係式は$y=(x+1)\times x\div 2$となる、児童が自力で導くのは難しいかもしれない。先生がこの関係式を提示し、xに、１・２・３……を入れていって確かめられればよい。次に５年の「四角形・三角形の面積」と関連して図形に対する感覚が豊かになるように出題している。平行四辺形や台形の面積を求める際、等積変形や倍積変形を行う。もとの図形の部分を効率よく切り取り、張り付け別の図形に変形する活動をたくさん経験させたい。この俵の三角形を逆さまにして倍積変形すると（最下段の数＋１）×（段の数）÷２となる。最下段の数と段の数は等しいので変数xとなり台形の求積公式から上記の関係式$y=(x+1)\times x\div 2$を導ける。さて、本問は３段のさんかくであるが段数が増えていくときまりが見つけられそうである。まず、おはじきの総数は、１・３・６・10・15・21・28……と変化していく。段の数をx、総数をyとすると、$y=(x+1)\times x\div 2$となる。もとのさんかくと逆さまのさんかくを重ねた図をつくるとわかりやすい。

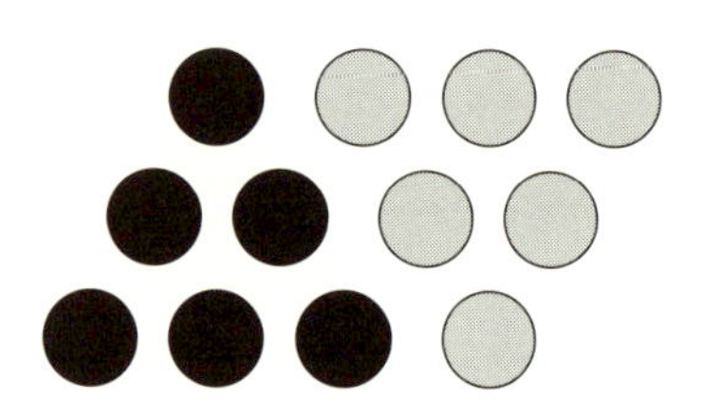

台形の求積公式

動かさないおはじき
動いていったおはじき
動いてきたおはじき

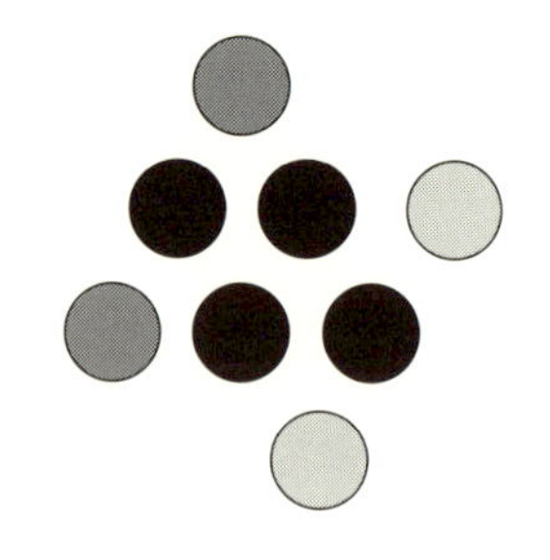

さんかくの段の数とおはじき（米俵）の数の関係

さんかくの段の数	1	2	3	4	5	6	7	8	9
おはじきの総数	1	3	6	10	15	21	28	36	45
黒いおはじきの数	1	2	4	7	10	14	19	24	30
濃灰色のおはじきの数	0	1	2	3	5	7	9	12	15

和算の本を読んでみたら（福井昭二）
（9）計算機でも計算不能

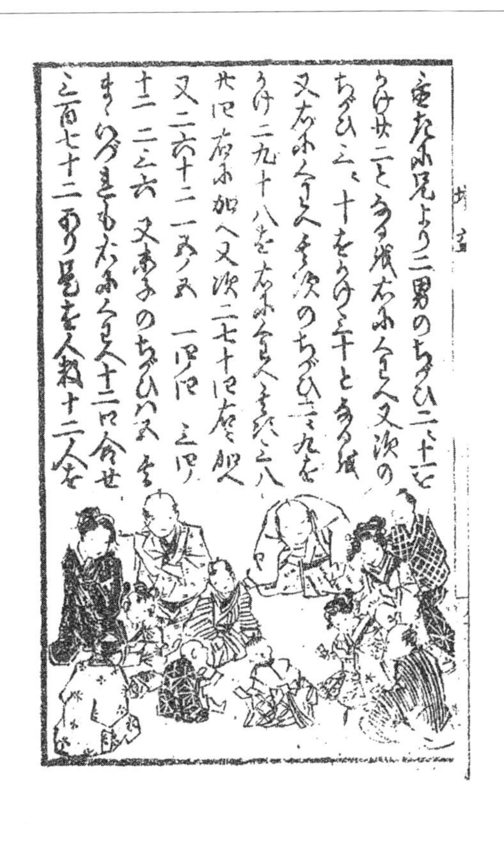

圖、左に兄より二男のちがひ二ニ十一をかけ廿二となる。これを右にくわへ、又次のちがひ三ニ十をかけ三十となるを又右にくわへ、其次のちがひ二ニ九をかけ二九・十八を右にくわへ、其次三八・廿四右に加へ、又次二七・十四右に加へ、又次二六・十二、一五ノ五、一四ノ四、三四ノ十二、二三・六、又末子のちがひハ五其まま、いずれも右にくわへ十二口合せ三百七十二あり。是を人数十二人をもってわると兄卅一才としるる也。是を次第にそのちがひを引バめんめんの年数わかる。末子は三才になる也。

からす算の事

からす九百九十九羽あり。九百九十九浦にて一羽の鳥九百九十九声ヅツなくとき、この声何ほどといふ。

　合　九億九千七百〇〇二千九百九十九こえ也。

法ニ九百九十九羽に九百九十九浦を懸れバ九十九万八千〇〇一となる。是に又九百九十九をかくれば右の高と知るるなり。又九十九羽のからす九十九声ヅツ九十九浦にてなくそのこゑ何ほどといふ。

　合　九十七万〇弐百九十九声也。

法ハ前に同し。

人の歳数を知る事

(1) 2×11+3×10+2×9+3×8
+2×7+2×6+1×5+1×4
+3×4+2×3+5　=372

372÷12=31 …長兄
31-2=29 …二男
29-3=26 …三男
26-2=24 …四男
24-3=21 …五女
21-2=19 …六男
19-2=17 …七女
17-1=16 …八男
16-1=15 …九女
15-4=11 …十女
11-3=8 …十一男
8-5=3 …末子

本文７行目「四男廿七才」は「廿四才」の誤。９行目「十一男」となっているが「十女十一才、十一男八才」の十一が一つ脱けている。

からす算の事

(1) 999×999×999
=997002999(声)
99×99×99
=970299 (声)

大きい数の計算のおもしろさを知らせている。

年　　組　　名前（　　　　　　　　　　　　　　　　　）

変化と関係

26 薬師算

28 個のおはじきを右の図のように正方形の形に並べました。次に、右の図のようにおはじきを右の辺の外側に並べ直します。薬師如来様は一番右の端数さえわかればおはじきの全部の数を当てることができるそうです。この場合も端数が 4 であることを伝えると「28 個」とたやすく当ててしまわれました。

薬師如来様は 12 人の神将を従えておいでです。4 方向に並べてあるおはじきを、この 12 人が薬師如来様に変わって並べ直してくださいます。そこで、一番右の端数に 4 をかけて 12 をたすと全部のおはじきの数になります。

7の場合　$3 \times 4 + 12 = 24$

9の場合　$5 \times 4 + 12 = 32$

これは本当に薬師如来様のご利益(りやく)でしょうか。

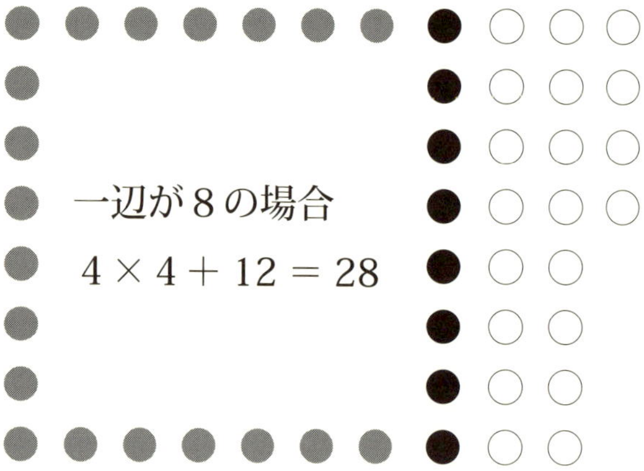

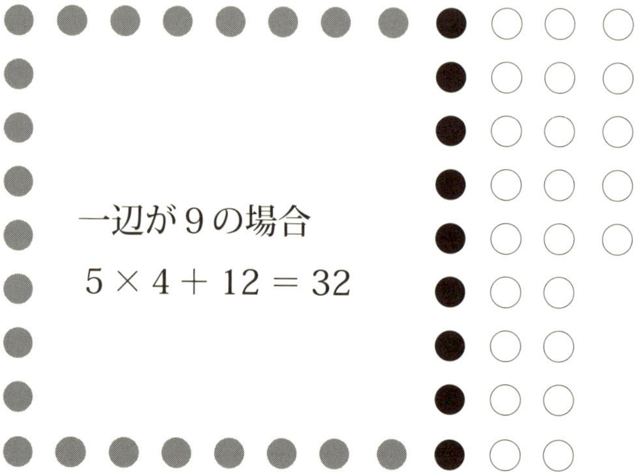

一辺が８の場合
$4 \times 4 + 12 = 28$

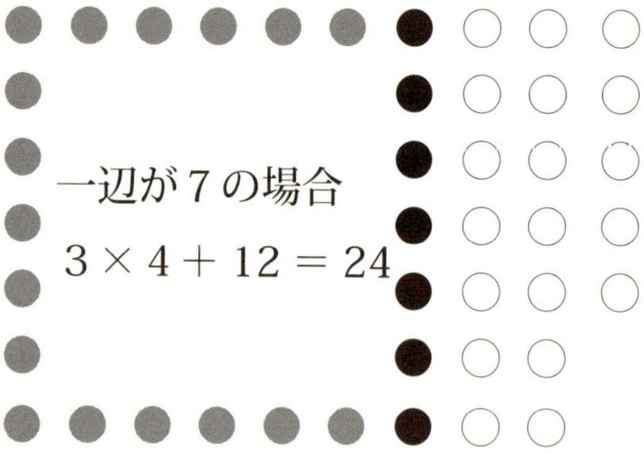

一辺が７の場合
$3 \times 4 + 12 = 24$

一辺が９の場合
$5 \times 4 + 12 = 32$

● 動かさないおはじき
● 動いていったおはじき
○ 動いてきたおはじき

解答と解説

解答：

7の場合：24　8の場合：28　9の場合：32

nの場合 $n \times 4 - 4 = (n - 4) \times 4 + 12$

本問は1辺がnの場合のおはじきの総数を求める問題である。解は4隅のおはじきだけ重ねてカウントしているので $n \times 4 - 4$ といたってシンプルである。これを何と薬師如来の従者12神将やそのご利益と関連付けたいため、次のようにむりやり式変形している。　$n \times 4 - 4 = (n - 4) \times 4 + 12$　上図のように並べかえた図から総数を求めることはかなりめんどうである。右端の列は常に4隅の分の4個たりない。そこで端数から1辺の長さを求め総数を出している。明らかに正方形の図の方が求めやすい。現代の算数では数理的な処理のよさ（簡潔・明瞭・的確）を目指しているが、本問は簡潔に処理できるものを煩雑にしているおもしろさがあるので、あえて取り上げてみた。和算は学問というよりも特殊技能や各個人の芸という性格が強いと聞いている。したがって流派ごとに問題の解法を秘密にして保持していたようである。福井昭二先生の文献によると、12神将とは以下のとおりである。宮毘羅（くびら）・伐折羅（ばさら）・迷企羅（めきら）・安底羅（あんてら）・あんにら・珊底羅（さんてら）・因陀羅（いんだら）・波夷羅（はいら）・摩虎羅（まこら）・真達羅（しんだら）・招杜羅（しゃとら）・毘羯羅（びから）

いずれ劣らぬ強そうな大将たちである。修学旅行の際、日光輪王寺でこの12神将にお会いした記憶がある。算数に戻ると、約数の多い12は古来より権力者にとって重要な数であり、重用されてきたと想像できる。

和算の本を読んでみたら（福井昭二）
（６）薬師様のおかげです

次のような問題が塵劫記に載っている。（読みやすいように「かな」は現在の字体に直し、数字は算用数字にして示す。）

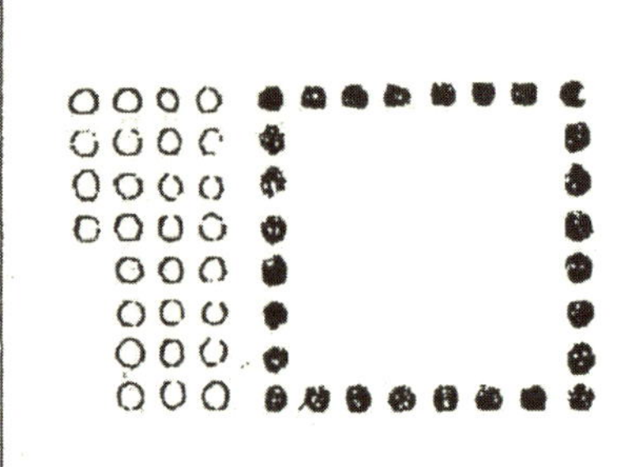

左のごとく四方にならべて一方に８つずつ有る時、一方は８つをそのまま置き、三方をばくずして又８つずつならべてみれば、半した４つあり、此のはしたばかりをききて惣数を云う也。

２８ありと云う。

法に半１つを４ずつの算用にして１６と入る。此の外に１２加える時、２８云う也。此の１６いつも入れ申し候。又半なしという時は１２有る共云う。又１２０あるとも云う也。

このままでは、ああそうかと読み過ごしてしまうが、「図のように並べたとき、はんぱの碁石の数を見ただけで、全体の碁石の数をしるにはどうしたらよいか」という問題に詠み替えられる。

正方形に並べた時、４隅の碁石は２度数えることになるので、その分を引くことが、欠けている分になる。１辺の碁石の数をｎとすれば、碁石の総数は４（ｎ－１）であり、次のようになる。

$$4(n-1)=\{(n-4)+3\}\times 4=4(n-4)+12$$

つまり端数の４倍に１２を加えれば総数が出る。いつも１２が関係するので、これを薬師様の１２神将と関系づけて「薬師算」と呼んでいる。１２という数の御利益は仏様のおかげとでも考えたのだろうか。

（注）薬師如来と１２神将　　薬師如来は東方浄瑠璃世界の教主。１２の大願を立て病苦などに苦しむ衆生を救ういう仏。日光菩薩・月光菩薩を脇侍とし、宮毘羅大将をはじめ・伐折羅・迷企羅・安底　羅・あんにら・珊底羅・因陀羅・波夷羅・摩虎羅・真達羅・招杜羅・毘羯羅大将の１２神将を従える。

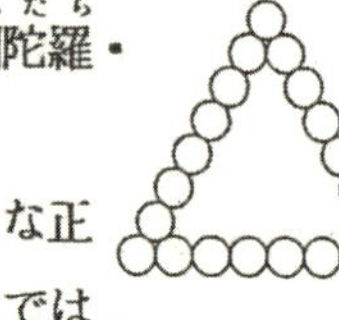

なお、『勘者御伽双紙』という本には「薬師算」の応用として、右のような正三角形についての類似の問題がのっているという。ただしこの場合には１２ではなくいつも関係する数は６となる。

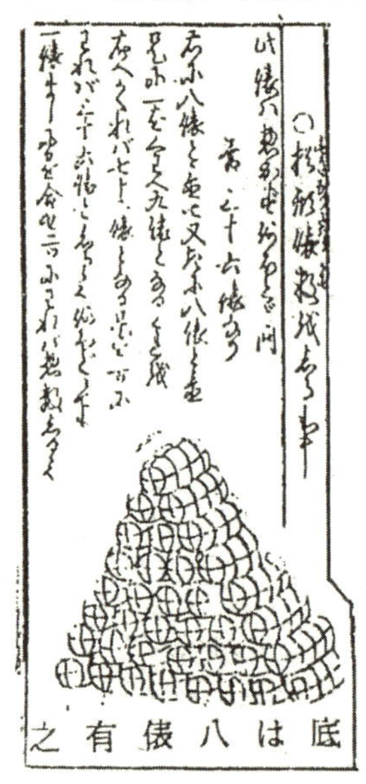

この問題は、算数のおもしろい問題として今でも扱われているようであるが、このほかに今もよく取り上げられるものものに当時「俵杉算」あるいは「算」と呼ばれた問題が塵劫記や算元記などにある。杉形とは図のよう俵の積み方のことである。

この例題では上が１俵、下が８俵の場合について次のように説明する。

右に８俵と置き（段数）、また左に８俵とおき（下の段の俵数）、これに１を加え９俵となる。これを右にかくれば７２俵となる。これを２つにわれば３６俵と知るるなり。

このほか、上が８俵，下が１８俵の場合も掲げている和算書もある。

いずれも　（下段の俵の数＋上段の俵の数）×段の数÷２となるが、これは台形の求積の公式と同じ考え方である。このほか別の本では「２５０俵を９段に積むと最上段、最下段には何俵ずつ並ぶか」というような問題もあるという。

和算の本を読んでみたら（福井昭二）
（3）円周率は79が

塵劫記より古い『諸勘分物第二巻』という和算の本に次のような 記述がある。

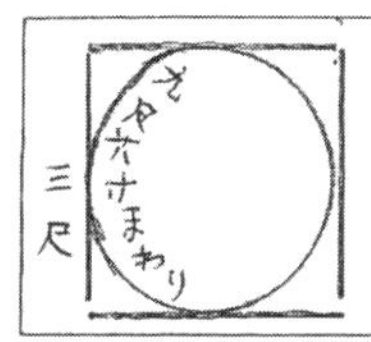

六方同尺角もの
三方六尺有り　是を角々をけづり　丸目玉成に直し　何尺廻りの玉成に成るを見る時には
三尺に三十弐をかければ　九尺六寸廻りの玉成になる

四角い木を削って丸い材を作るという問題である。ここでは、円周率が3．2となっている。√2は十四と記され、1．4を使っている。正方形の一片を直径とする円の面積は正方形の面積に八をかけるとある。8というのは、円周率3．2の1／4である。有効数字2桁で割合を示すこと、小数点の位置については一切触れられていないことなど、今から見れば面白い記述である。

『塵劫記』などでは、円周率は「円の法七九」と記されている。つまり3．16ととらえている。円周率のほかに、「法」ということばで率を示している。例えば、三角の法四三三、六角の法二五九八とか、1畝＝30坪を田法三、升の法六四八二七（1升枡の立法寸）などがある。

『塵劫記』(1627)の流れを汲む算術書は、一般人の生活の中で使われる実用算術として広まったが、江戸時代は円周率として「円の法は七九」つまり3．16が使われていた。しかし、数学者の間では、早い時期に3．14としていたようである。

『算俎』(1663) では、3．14が使われている。著者村松茂清は円周率を3．1415926487 7…まで、独自の方法で計算を重ねて求めたという。

何度も掲載された測り方の工夫

「象の重さを知る事」「人間の升数を積る事、本が出るたびにと言っていいくらい多くの算術書に載っていた。実用性とともに数や量について興味を持つようにということであろうか。ある本にはこの話の見出しに「気転工夫算勘の事」と示したりしている。本により多少の違いはあるが、次のような記述である。

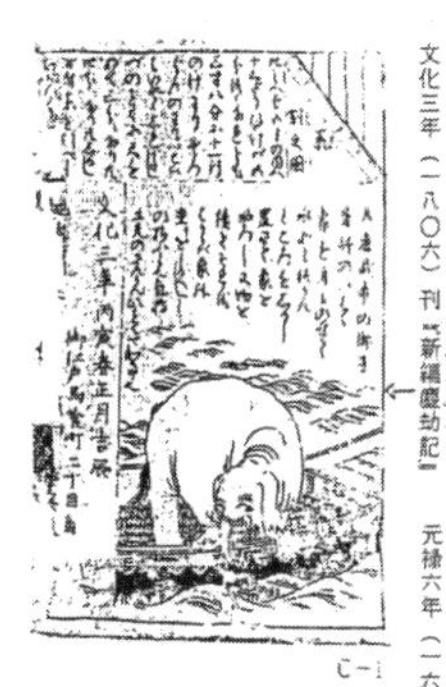

文化三年（一八〇六）刊『新編塵劫記』

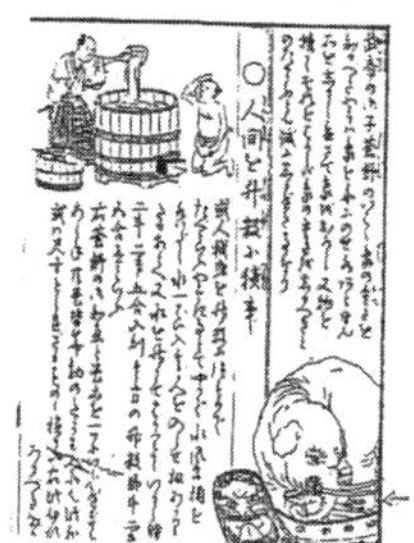

元禄六年（一六九三）刊、慶応二年（一八六六）再刊『改算記大全』

武帝の御子蒼舒の時、像のおもさをしるべきやうは象をふねにのせ、水あとつかん所をしるし置き、扨(さて)象をおろし、又物をつみてそれをはからば、象の重さをしるべきとのたまうとなり。誠に知るべき事なり。

ある人我が身を升数に積もりてたべという。やすき事とて水風呂桶を取出だし水いっぱいに入れ、その人をの　らせ、扨(さて)あがりたるあとへ、又水を升にてはかりて入るる時二斗二升五合入る。則ち其方の升数二斗二升五合という。
右蒼舒の御智恵と是等を一つにいふべきにあらねども是皆算勘のどうり入る所なり。の外或は尺寸としれざる物の積りに右此の心得あるべきなり

……おわりに……

今から十数年前、古書店で「早割塵功記」という本を見つけた。古文書の勉強を始めた頃だったので、ちょっと興味がわいたので、その一冊を解読した。その頃、和算の本の出版を始めた渡辺暉夫氏と知り合った。そんなことから、しばらく和算の本を読んだりしていたが、なかなか理解できない。ただ、少々興味ある事をちょっとプリントしてみたのだった。しばらくいろいろな事情で古文書も和算の本もツン読だけだったが、書棚を整理していたらこれが出てきた。保存できるようにとそれに少し手を加えてコピーし直したのがこれである。もし、和算術に興味がある人は、何かの参考になればと思う次第である。　　2012.4.25 福井記

年　　　組　　名前（　　　　　　　　　　　　　　　　　　　　）

図形の問題

1㎠増えた

下の図を見てください。１辺の長さが 8cm の正方形を、たての長さが 5 cm 横の長さが 13cm の長方形に並べかえました。あれっ？　正方形は 64㎠だったのに長方形は 65㎠です。どうして面積が増えたのでしょう。

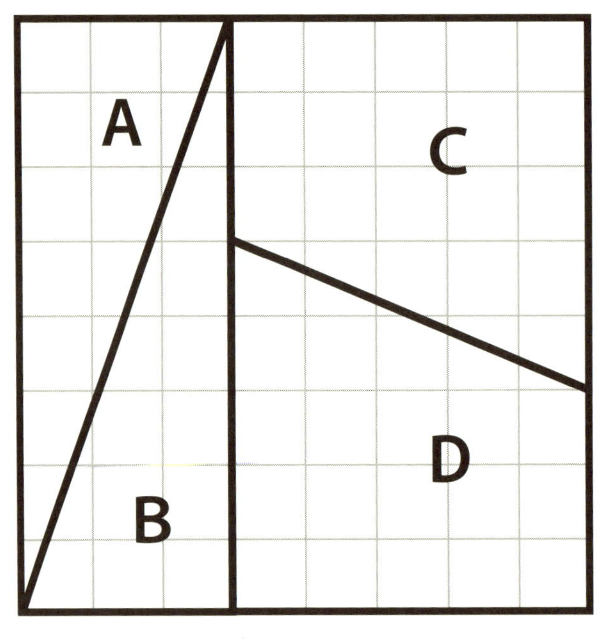

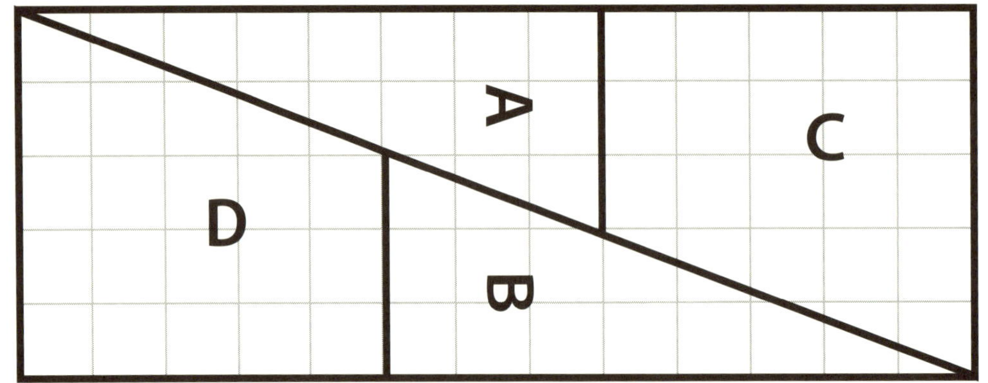

長方形の面積　＝　たて　×　横　＝　横　×　たて
平行四辺形の面積　＝　底辺　×　高さ
台形の面積　＝　（上底＋下底）×　高さ　÷　2
三角形の面積　＝　底辺　×　高さ　÷　2

解答と解説

４年・５年・６年の「面積」の学習では、求積公式を用いて間接測定をする。さまざまな図形を等積変形や倍積変形をして既習の図形（長方形など）に変形していく。その際、変形した図形が確かに既習の図形（長方形など）であるか定義に基づき確かめる活動がしっかり行われないことが多い。本問においては方眼上の正方形があたかも長方形に等積変形できたと勘違いさせるトリックがある。指導者はあえて量の保存について一石を投じる発問をしてみると話し合いが盛り上がる。「面積って切ったり張ったりすると変化することもあるのではないですか？」など工夫されたい。実際に、本シートをプリントアウトして正方形をはさみで切り並べかえてみようとする子どもに育てたい。また、切らずに確かめる方法として、もとの正方形（上の図）の角に分度器を当ててみると、台形Ｄの左上の角と直角三角形Ｂの左下の角度が微妙に違い、直線にはならないことに気づく。６年なら比を用いて、直角をはさむ２辺の比がＢの直角三角形は３：８＝**15：40＝0.375**でＢとＤを合わせた直角三角形は５：13＝**15：39＝0.384**と**数値化**することができる。傾きがわずか0.1程度の違いなので、繋がっている２つの斜辺は１本の直線に見えてしまう。三角比を学習すれば、tanを用いて確かめることもできる。仰角で比べてみても約1.5度の違いである。このように、与えられたものを鵜呑みにするのではなく、「本当にそうなるのか。」アナログ（はさみとのり）で確かめるよさも味わってほしい。特に数値を上げて説得するのは高い数学的な考え方が育っていると評価できる。対角線の位置にできる極めて細長い図形が面積１㎠の平行四辺形であることや、その底辺（Ｂの直角三角形斜辺）および高さの測定値を与え、すきまの面積を平行四辺形の求積公式から計算させることも価値のある学習である。8.5 × 0.1 ＝ 0.85、8.54 × 0.11 ＝ 0.9394、8.544 × 0.117 ＝ 0.999648
この結果を見てここでは、ぴったり１㎠にならないことから２～５年の適切な計器の選択と５年測定誤差の復習をすることになる。

年　　組　　名前（　　　　　　　　　　　　　　　）

数と計算

28 卵は全部でⅠ

やおやさんがお店の卵をふくろにつめています。

２個ずつつめたら１個あまりました。３個ずつつめても１個あまりました。４個ずつつめても１個あまりました。５個ずつつめても１個あまりました。６個ずつつめても１個あまりました。10 個ずつつめても１個あまりました。

さて、卵は全部で何個あったでしょう。

年　　組　　名前（　　　　　　　　　　　　　　　）

数と計算

29 卵は全部でⅡ

やおやさんがお店の卵をふくろにつめています。

２個ずつつめたら１個あまりました。３個ずつつめても１個あまりました。４個ずつつめても１個あまりました。５個ずつつめても１個あまりました。６個ずつつめても１個あまりました。７個ずつつめたらぴったりつまりました。

さて、卵は全部で何個あったでしょう。

解答と解説

解答：

61個　121個　181個　……　60×n＋1

本問は5年「奇数・偶数」の学習に発展していく。ここでは2を含めて、それ以上の6までの数の剰余類を考えさせている。また、求める数は10の倍数より1大きい数でしかも、2から6までの段の答え（2・3・4・5・6の最小公倍数）より1大きい数であると先生は見通しが立つ。ここで、先生は「一の位はいくつですか。」と発問し自然数の集合から要素を絞り込む必要がある。また、結論からいうと、2と3は6の約数なので4・5・6だけの公倍数を調べればよいのである。問題解決過程において、そんなつぶやきやプリントへの書き込みがあればぜひ、取り上げたい。4・5・6の最小公倍数は60なので、61を見つけることができる。さて、1年では2位数の理解を確かにするために、簡単な3位数（120）まで数える経験をしている。また、乗法九九も10の段・11の段・12の段あたりまで、自力でつくっている。ここでは12の段を手掛かりとして121を見つけることができると予想される。さらに、数概念が形成されている児童は、61→121→181→241→301→と調べていくこととなる。「61の次の数は見つかりませんか。」と発問し、自然数（整数）は限りなく広がり、無数に存在するイメージがもてればすばらしい。2年では数範囲が10000まで拡張されるので、数や計算を発展的に取り扱うことが大切である。

解答：

301個　601個　901個　……　300×n＋1

本問は5年「奇数・偶数」の学習と関連している。ここでは2を含めて、それ以上の7までの剰余類を取り上げている。また、3年「あまりのあるわり算」での計算技能も必要である。求める数は7の倍数でしかも、2から6までの公倍数より1大きい数であると見通しが立つ。ただし2と3は6の約数なので4・5・6だけの公倍数を調べればよい。4・5・6の最小公倍数は60なので、61→121→181→241→301→と調べていけばよい。61＝7×8＋5、121＝7×17＋2、181＝7×25＋6、241＝7×34＋3、301＝7×43＋0　とあまりが3ずつ減っていくことに着目させたい。301が求められた児童に対しては、確かに条件にあてはまっているかを吟味したうえで「301の次の数は見つかりませんか。」と発問し、発展的に取り扱うことが大切である。

年　　組　　名前（　　　　　　　　　　　　　　　　）

変化と関係

30 流水算

ある川を船で24kmさかのぼるのに12時間かかります。また、川をくだって元の岸に戻るのには3時間ですみます。船と川の流れの速さは時速どれだけでしょう。

解答と解説

解答：

船：時速５km　　川の流れ：時速３km

本問は速さを題材としているので５年「速さ」の学習が終わってから学習するのが望ましい。数値が易しいので暗算で結果のみを答えてしまうことがあるかもしれないが、ここでは、２つ以上のものが同時に移動するときの「速さ」や「時間」や「道のり」に関する問題にも適用できる力を養いたい。「速さ」という量を決定する「時間」と「道のり（長さ）」には加法性があることを５年までに学習してきたが、２つの量に依存している「速さ」にも加法性があり、たしたりひいたりできることを理解してもらいたい。まず、上りの時速は　24 ÷ 12 = ２、下りの時速は　24 ÷ ３ = ８と求められる。上りのときは川の流れが船の進行を妨げ、下りのときは逆に助けている。和が８で差が２になる数の組は５と３である。中学ではB + R = ８、B − R = ２ (Boat, River) と連立方程式を立てる。進行の方向が同じときには、それぞれの速さをたし、逆のときは、それぞれの速さをひくことができるということである。２量の合成と分解にあたる。さて、和算にはこの他に、和差算・旅人算・出会算・追越算など別の名前を付けているものがあるが、目的に応じて、進行方向や時間差等を考慮して、速さ、道のり、時間をたしたりひいたりすることとなる。旅人算では、２者が向かい合って互いに近づいていく。その際、片方が停止しているとみるともう一方は、速さの和で進むことになる。さらに、追越算では同方向に向かって速い方が逃げる遅い方をおいかけていく。この場合も一方が停止しているともう一方は、速さの差で間隔を縮めていくことになる。ここでも、問題解決にあたっては「線分図・テープ図」等を活用していくとよい。

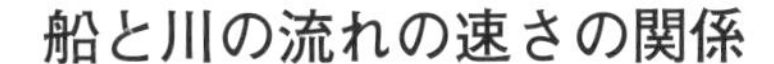

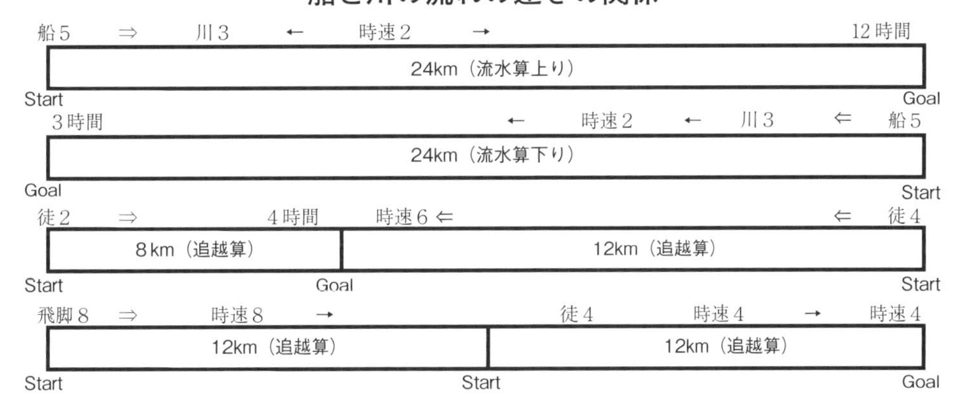

年　　組　　名前（　　　　　　　　　　　　　　）

数と計算

31 ロシア農民のかけ算

ロシアの農民のみなさんは２位数どうしの（何十何）×（何十何）のかけ算の計算の答えを、きまりを使って次のようにして簡単に暗算で求めるそうです。どうして正しい答えになるのでしょう。そのしくみを解き明かしてみましょう。ためしに下の２つのセルに２桁の数を入れてみてください。自動計算してくれます。近くに計算機があればそれで確かめましょう。

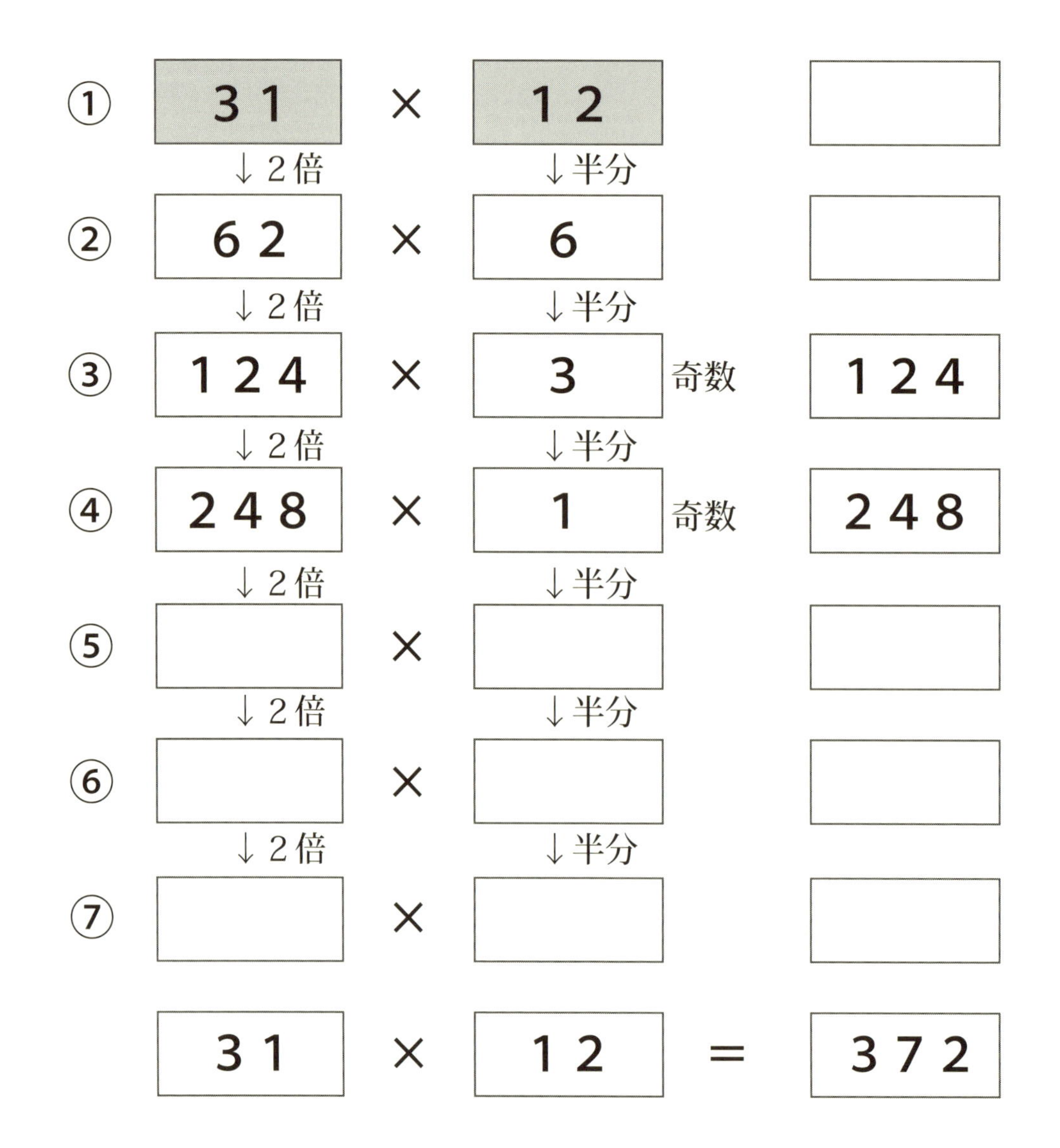

解答と解説

解答：

31 × 12 の場合

$$
\begin{aligned}
&31 \times 12 \\
= \;& 31 \times 2 \times 6 \\
= \;& (31 \times 2) \times 6 \\
= \;& 62 \times 6
\end{aligned}
\qquad
\begin{aligned}
&62 \times 6 \\
= \;& 62 \times 2 \times 3 \\
= \;& (62 \times 2) \times 3 \\
= \;& 124 \times 3
\end{aligned}
\qquad
\begin{aligned}
&124 \times 3 \\
= \;& 124 \times (2^1 + 1) \\
= \;& 248 + 124
\end{aligned}
$$

何らかのかたちで乗法の結合法則にふれられていれば正解

①の式のかけられる数を２倍にする。かける数は半分にしていく。答え（商）が小数になったときは切り捨てていく。②〜⑦の式でも同じことを繰り返していく。⑦(⑥や⑤や④の式でわる数が１になることもある）の式でかける数が１になったとき、たし算をする。かける数が奇数になったときのかけられる数を全部たすと、もとのかけ算の答え(積)になるそうである。本当だろうか。この計算のよいところは、×２(÷２）とたし算ができれば２年でも答えを出すことができる。２の段の九九がわかっていればよいということである。そこで奇数のところはどんなときに登場するのだろうか。逆に全部のかける数が、偶数になるような場合を考えてほしい。かける数の 64 を２×２×２×２×２×２＝64 に因数分解すると奇数の表示が⑦の式まで出てこない。しかもこの⑦の式のかけられる数こそこの問題の答えである。すなわち奇数さえでてこなければかけられる数を２倍にしてかける数を半分にしているので、(かけられる数）×２×（かける数）÷２（結合法則）となり、もとの式と同じ値になるはずである。逆にいうと結合法則は因数分解を行ったときその因数の中から任意の２数をかける場面を扱ったきまりと言える。この先、かけ算のときに何度も使った計算のきまりがでてくる。「かけ算ではかける数が１増えると答えはかけられる数ずつ増えます。」というきまり（分配法則）は覚えているだろう。その逆の「かけ算ではかける数が１減ると答えはかけられる数ずつ減ります。」が切り捨てたときの数になる。奇数のところで切り捨てるのでもとの式との差を残すために、切り捨てたときのかけられる数を残しておく必要がある。ちなみに、この計算の変域は２桁の整数ということにしてあるが、除数は２＾８（２の８乗）－１＝127 まで対応できる。かけられる数については整数であれば変域はないが、６桁以上になるとエラー表示される可能性がある。

年　　組　　名前（　　　　　　　　　　　　　　）

数と計算

ピラミッド算

①たし算

左側のピラミッドの１段目に整数を入れたし算の答えが奇数か偶数かを調べてみましょう。

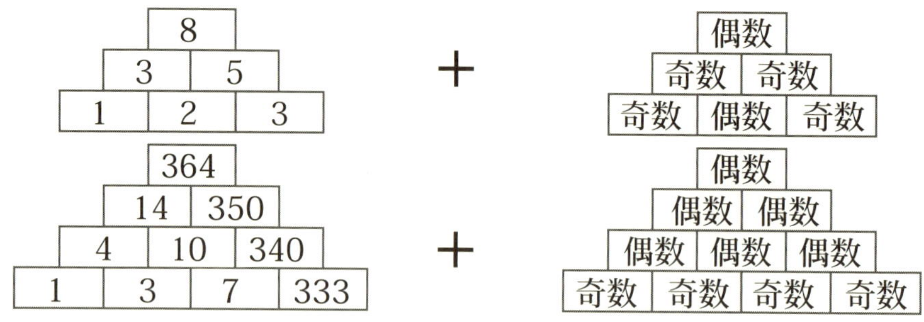

２でわりきれる整数（商も整数になる自然数）を､偶数といいます。また、２でわるとわり進まないで、１あまる整数を、奇数といいます。０は偶数とします。ピラミッドのてっぺんが奇数になるのは１段目の数の並びがどんなときでしょう。

②かけ算

左側のピラミッドの１段目に整数を入れかけ算の答えが奇数か偶数かを調べてみましょう。

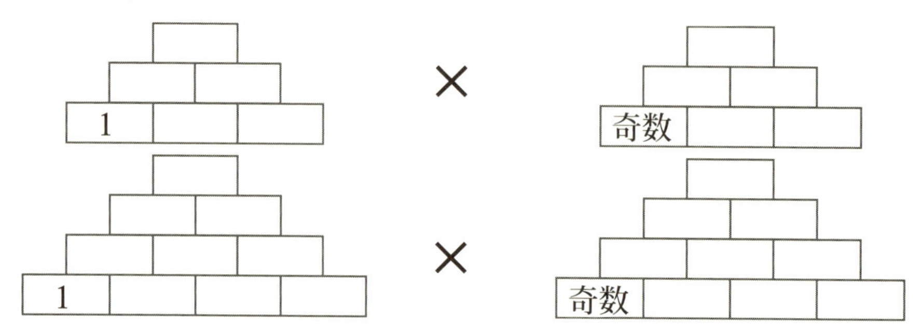

２でわりきれる整数（商も整数になる自然数）を､偶数といいます。また、２でわるとわり進まないで、１あまる整数を、奇数といいます。０は偶数とします。ピラミッドのてっぺんが奇数になるのは１段目の数の並びがどんなときでしょう。

③ひき算

左側のピラミッドの１段目に整数を入れひき算の答えが奇数か偶数かを調べてみましょう。

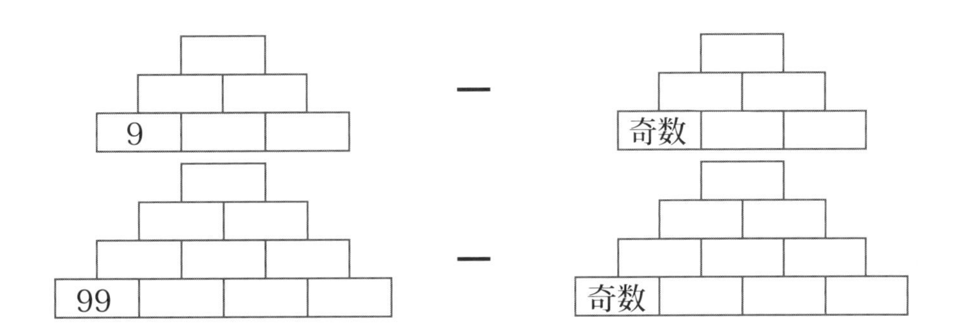

ピラミッドのてっぺんが奇数になるのは１段目の数の並びがどんなときでしょう。できるだけ（ひかれる数）＞（ひく数）になるように数を選んでください。ひき算の答えが０より小さくなることがあります。このとき数の前にひき算の記号「−」をつけます。そしてこの数のことを「負の数」と呼びます。

解答と解説

解答：

たし算3段	偶＋奇＋奇　奇＋奇＋偶　偶＋偶＋奇　奇＋偶＋偶	4通り
たし算4段	偶＋奇＋奇＋奇　奇＋奇＋奇＋偶　偶＋奇＋偶＋偶 偶＋偶＋奇＋偶　奇＋偶＋奇＋奇　奇＋奇＋偶＋奇	6通り
かけ算3段	奇×奇×奇	1通り
かけ算4段	奇×奇×奇×奇	1通り
ひき算3段	たし算3段と同じ	4通り
ひき算4段	たし算4段と同じ	6通り

本問は計算技能の習熟をはじめ、さまざまな内容に焦点をあてて学習展開することができるが、ここでは整数の性質と四則演算の可能性、および、減法の結果を常に表すことができるようにするために、負の数を定義する。中学校では、偶数を2n、奇数を2m＋1と表す。さて、加法の式をnとmを使ってそれぞれ表現すると、①偶数＋偶数＝2n＋2m＝2（n＋m)、②偶数＋奇数＝2n＋2m＋1、③奇数＋偶数＝2n＋2m＋1、④奇数＋奇数＝2n＋2m＋2の4パターンを表すことができる。この中で①と④は2の因数をもっているので偶数である。②と③は奇数となる。乗法は①偶数×偶数＝2n×2m＝2nm、②偶数×奇数＝2n（2m＋1)、③奇数×偶数＝2m(2n＋1)、④奇数×奇数＝2nm＋2n＋2m＋1となり、①と②と③が偶数になる。そして④だけが奇数になる。さて、第3問のひき算の場面は大切な考え方を含んでいる。加法・乗法の式はどんな整数を選んでも、和や積も整数になる。ところが、減法は負の数まで数範囲を拡張しないと差が求められない。除法も同様に分数まで拡張することにより、商を表すことができる。被減数＜減数となる場面になったときError表示を出すこともできるがあえて負の数が表示されるように作成しておいた。「④でわり算は調べないの？」とたずねる学習集団であれば一般化の考え、集合の考え、拡張の考えなどが**身に付いて**いると評価できる。嬉しい限りである。このように数を拡張する際には、その必然性やよさを味わえるようにすることが重要である。中学校では負の数のほかに、2元1次方程式の解を表現するために無理数を導入していく。

和算の本を読んでみたら（福井昭二）
（4）和算のはじまりはアダムとイブ

日本の算術書で最も古いといわれているのは、元和８年（1622）に毛利重能により作られた『割算書』である。（その後これより古い元和版の『算用記』が発見された）。江戸時代にベストセラーとなった吉田光由には、この内容が多く受け継がれている。この『割算書』の序文にはおもしろい記述がある。

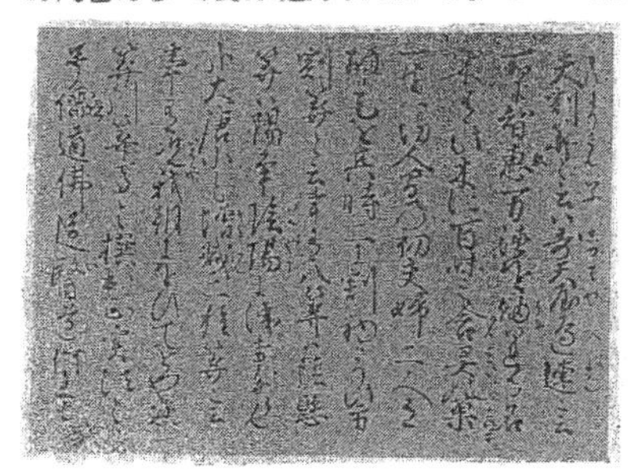

それ割算と云うは、寿天屋辺連と云う所に、智恵万徳を備われる名木有り、此の木に百味の含霊の菓、一生一切人間の初夫婦有る故、是を其時　二に割り初むるより此方割算と云う事有り。八算は陰、懸算は陽、争か陰陽に洩るる事あらん哉。大唐にも増減二種算と云う事あり。況　我が朝にをいてをや。懸算、引馬算と撰出し、正実法と号す。儒道、仏道、医道何れも算勘の専也。

文中の「寿天屋辺連」は「ユダヤのベツレヘム」のことである。ベツレヘムとエデンの楽園の混同はあるが、「人間がこの地球上に現れた時から割算があったという」ような意味であろうと、キリスト教への厳しい弾圧があった時代に、よくこのような表現がまかり通ったと思う。和算にも、西欧の影響があったのであろうか。

「八算」は一桁の数による割算、２から９までについて８種類の割算ということでこのように呼ばれたようである。二桁の数で割る計算は「見一」という。引馬算は「引きそろばん」、正実法は「商実法」のことという。「算勘の専也」の算勘とは、この当時、「計算をすること、勘定をすること」と説明されている。後にそろばんの普及と関係してか、「算」は計算「勘」は洞察・思考というように解釈されるようになり、「算勘」「工夫」というようなことが和算では大事にされた。「工夫」は深い思案をすることだけでなく、よりよい方法を考案・改良を加えるという意味で使われたようである。

『割算書』の目次を見ると、八算同発、見一同発、帰一倍一同発、四十四割、四十三割、小一斤声、糸割、掛て吉分、絹布割、升積算、金割算、借銀借米、。米売買、検地算、普請割、町見様　となっている。計算、商売、測量などに関する内容が載っている。最初から割算の解説である。足算、引算は特に算書で述べなくても登んでいたのであろうか。掛算については他の算術書には、掛算九九などが載っている。割算という難しい計算ができることは、江戸時代は一つの特技のようなものであったのか、掛算は割算の確かめというような形で記述されている本もある。

昔の計算では算木とか算盤を使うことが普通であったが、『算用記』や『割算書』では、算木や算盤は出てないが、『塵劫記』になると算盤の絵での説明がある。『塵劫記』は江戸時代に最も多く出版された算術書ともいわれ、著者吉田光由による改訂版も何回かあるようだが、数学の先生や書肆（出版社）が、『何々塵劫記』などと名付けて勝手に出版したものも多々あり、その数は 300種とも 400種ともいわれる。『塵劫記』がこれほど人気があったのは、中国の数学をわが国の事情によく適合するように組替え、日常生活に関係の深い事柄から自然に数学を理解できるように仕組んだ入門書であるからといわれるが、算盤を学ぶのによかったこともその一因ではないだろうか。

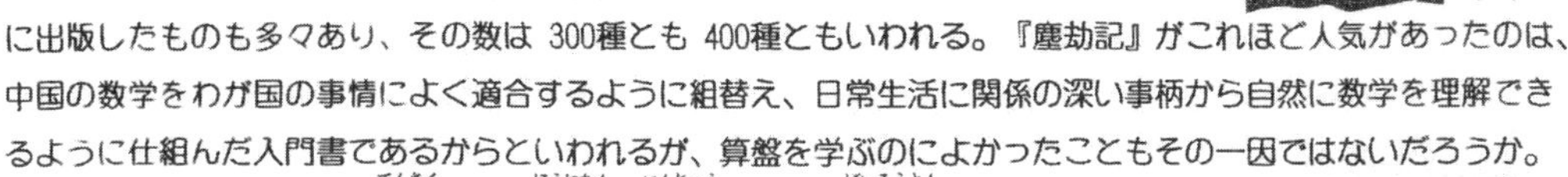

当時の割算では、「二一天作の五、逢二進が一十…、五二倍双四…」など『割り声』という割算九九が使われていた。二一天作の五とは１÷２＝0.5 のことで、算盤の上（天）の五珠をさげて答の５を作ることである。「三二六十二」は２÷３＝0.6 …0.2 のことで、六十二の六が答で二が余りということである。
算盤でこの割り声は昭和の初期までを使割れていたようであるが、四珠の算盤が学校で使われるようになってからは筆算形式に準じて珠を動かすようになった。

和算の本を読んでみたら（福井昭二）
（0）江戸初期の和算書

江戸時代の和算については、研成社（東京都中央区日本橋蛎殻町1-6-4 ）の渡辺輝夫氏が、その普及と出版に尽力され、20年近い時間をかけて『江戸初期和算選書　全11巻』を発行した。そこに収録された和算書を列記しておく。和算数について、これだけまとまった資料はまず、他にないであろう。

1	算用記（さんようき）	筆者不明	17世紀初頭		算用記は固有名詞でなく計算書・教科書などいろいろな意味に使われる　これはもっとも古いと思われる現存本
2	割算書（わりさんしょ）	毛利重能	元和8年	1622	割算とは今使われる割り算の意味ではなく、割り付けるという意味か。著者は日本の数学の祖といわれている。
3	諸勘分物（しょかんぶもの）（第二巻）	百川治兵衛	元和8年	1622	現存する数学書では2番目に古い。第一巻は失われている。
4	塵劫記（じんこうき）	吉田光由	寛永4年	1627	江戸時代のもっとも有名な算術書。著者が何回か新版を出しているが、著者に断わりなしに発行された物も多かった。
5	算用記（さんようき）	筆者不明	寛永5年	1628	割算書と塵劫記の中から内容を選んだ数学書のようだという。
6	竪亥録（じゅがいろく）	今村知商	寛永16年	1639	漢文記述　純粋な数学書
7	因帰算歌（いんきさんか）	今村知商	寛永17年	1640	算法などを歌にして解説「山形（三角形）はつり（高さ）とはたばり（底辺）かけてまた二つにわりて歩数とぞ知る」など
8	諸算記（しょさんき）	百川治兵衛	寛永18年	1641	塵劫記を踏襲し、新しい問題など増やす。
9	万用不求算（まんようふきゅうさん）	筆者不詳	寛永20年	1643	小型のポケット版とか。銭や相場の内容が多い。
10	新刊算法起（しんかんさんぽうき）	田原嘉明	承応元年	1652	塵劫記の遺題の解説などに特徴がある。
11	九数算法（きゅうすうさんぽう）	嶋田貞継	承応2年	1653	中国の数学書『九章』を手本にして編集された。
12	九数算法附録（きゅうすうさんぽうふろく）	嶋田貞継	刊年不詳		九章算術を学ぶまでの基本的な内容を載せたものという
13	算両録（さんりょうろく）	榎並和澄	承応2年	1653	塵劫記の遺題の解答を示したり、新しい遺題を出したりしている。
14	算元記（さんげんき）	藤岡茂元	明暦3年	1657	塵劫記の内容をよく消化し、自分の工夫を加えた数学書
15	円法四巻記（えんぽうしかんき）	初坂重春	明暦3年	1657	塵劫記の遺題の解答をしたり、塵劫記や竪亥録の内容の説明など載る
16	各致算書（かくちさんしょ）	柴村盛之	明暦3年	1657	塵劫記の遺題の解答えを示す　天文や地理の関する内容もあるとか…　測量や商売に関する内容が多い。
17	四角問答（しかくもんどう）	中村与左衛門	万治元年	1658	測量に関した問題が多い。
18	改算記（かいさんき）	山田正重	万治2年	1659	塵劫記に次ぐベストセラー。従来の数学書の欠点を訂正したところが人気を得たか。幕末までほとんど初版の通り発行された
19	算法闕疑抄（さんぽうけつぎしょう）	磯村吉徳	万治2年	1659	解説がていねいで、今までのっ数学書の集大成。塵劫記、改算記に次ぐベストセラー
20	算俎（さんそ）	村松茂清	寛文3年	1663	円周率と玉率を詳しく求めた。円周率は3. 14159264877…と計算した。
21	童介抄（どうかいしょう）	野沢定長	寛文4年	1664	門弟の要求に応じて今迄の遺題の解答を示したり、自分の出題を載せたりした。
22	方円秘見集（ほうえんひけんしゅう）	多賀谷経貞	寛文7年	1667	従来の算書4種について、これらに詳しくせつめいされていない問題を解説した。
23	算法明備（さんぽうめいび）	岡嶋友清	寛文8年	1668	塵劫記にならった数学書。多くの算書を参考にして広く解説している。
24	算法根源記（さんぽうこんげんき）	佐藤正興	寛文9年	1669	童介抄に倣った遺題の解答・出題を載せる。
25	算法発蒙集（さんぽうはつもうしゅう）	杉山貞治	寛文10年	1670	算法根源記の遺題の解答を載せた。
26	算法直解（さんぽうじきげ）	堀口兼次・片岡豊忠	寛文11年	1671	上と同様、算法根源記の遺題の解答を載せた。
27	古今算法記（ここんさんぽうき）	沢口一之	寛文11年	1671	中国の天元術の本格的な解説をはじめてまとめた。弟子佐藤茂春は元禄11年（1689）「算法天元指南」を著す
28	股勾弦鈔（ここうげんしょう）	星野実宣	寛文12年	1672	直角三角形に関する問題の解説が中心。
29	算法至源記（さんぽうしげんき）	前田憲舒	延宝元年	1673	算法根源記の遺題について従来よりよい解答を示そうとした。塵劫記・算両録・改算記などの遺題にもふれている。
30	算学級聚抄（さんがくきゅうすうしょう）	藤田吉勝	延宝元年	1673	算法発蒙を解くために算木を使って解説。
31	算法勿憚改（さんぽうふつだんかい）	村瀬義益	延宝元年	1673	従来の算書を批判しつつ、誤りなどを正したり、学びやすいような工夫をしたりしている。
32	数学乗除往来（じょうじょおうらい）	池田昌意	延宝2年	1674	漢文和文がまじる。中国の暦書が紹介され、算盤（さんばん）や算木をつかっての計算の説明に特徴がある。
33	発微算法（はつびさんぽう）	関　孝和	延宝2年	1674	古今算法記の遺題15問の解答書。天元術で解けない問題を代数式に表す方法を工夫した。弟子建部賢弘の『発微算法演段諺解』により、この書の内容が理解されるようになった。

和算の本を読んでみたら（福井昭二）
（10）表紙・裏表紙

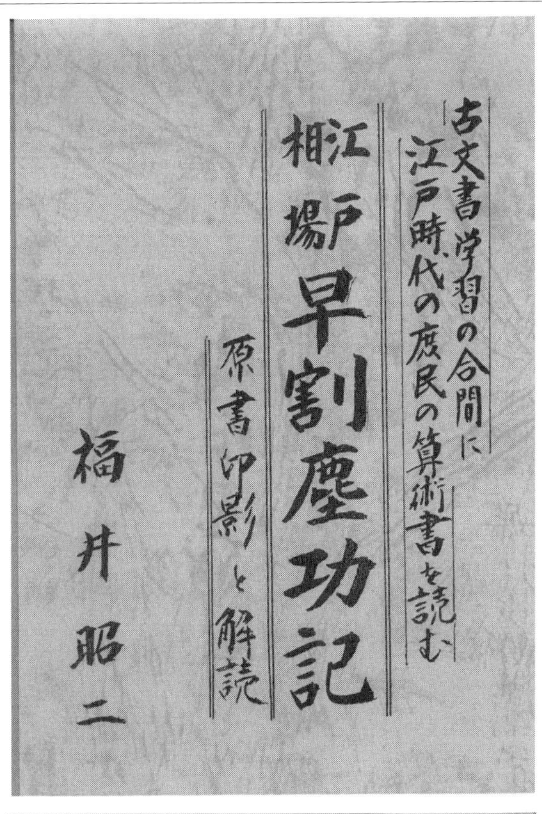

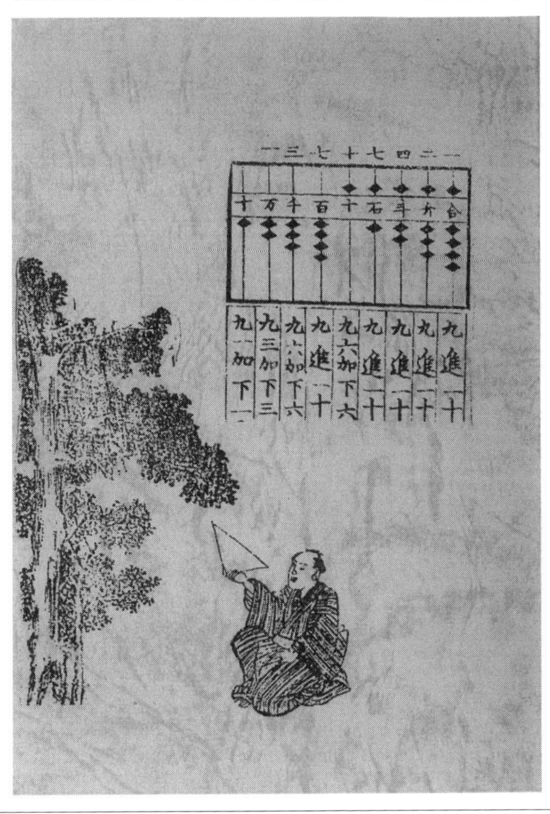

著者
堀江 弘二（ほりえ・こうじ）

昭和48年横浜国立大学教育学部数学科入学、片桐重男教授に師事。昭和52年同科卒業。
同年より横浜市立末吉小学校をふりだしに、八景・東本郷・北方・港南台第三・入船・瀬ヶ崎・蒔田・釜利谷の各小学校に着任する。福井昭二先生から、初任者研修をはじめ、標準学力診断検査（現学習状況調査）・統計教育・学校図書館教育（古文書研究）などについてご指導をいただいた。
第24代横浜市小学校算数教育研究会長。

協力
塩澤 利明（しおざわ・としあき）

横浜市立能見台小学校教諭

身に付く算数シリーズ
和算とクイズ

2018年6月30日　　初版第一刷発行

著　者　　堀江 弘二
発行人　　佐藤 裕介
編集人　　遠藤 由子
発行所　　株式会社 悠光堂
〒104-0045 東京都中央区築地6-4-5
シティスクエア築地1103
電話：03-6264-0523　FAX：03-6264-0524
http://youkoodoo.co.jp/
制作　　三坂輝プロダクション
デザイン　　ash design
印刷・製本　　明和印刷株式会社

ISBN978-4-909348-08-1　C6041